Ewgenij Titow

Die Sibirische Zeder

Ewgenij Titow

Die Sibirische Zeder

Die »Königin der Taiga« und
die Kostbarkeiten der Zedernnüsse

Aus dem Russischen übersetzt von Jana Heiß

SILBERSCHNUR VERLAG

MIX
Papier aus verantwortungsvollen Quellen
FSC® C014138

Titel der Originalausgabe: Кедр – царь сибирской тайги

ISBN 978-3-89845-624-1

1. Auflage 2019

Übersetzung: Jana Heiß
Gestaltung & Satz: XPresentation, Güllesheim; unter Verwendung eines Motivs von © Natali1979; shutterstock.com
Umschlaggestaltung: XPresentation, Güllesheim; unter Verwendung verschiedener Motive von © inxti und © Sergei Denisov; www.shutterstock.com
Druck: Finidr, s.r.o. Cesky Tesin

Verlag »Die Silberschnur« GmbH
Steinstraße 1 · D-56593 Güllesheim
www.silberschnur.de · E-Mail: info@silberschnur.de

Inhalt

Meinen edelmütigen und dankbaren Zedernfreunden gewidmet ...

Vorwort

Auf dem eurasischen Kontinent hat die Natur einzigartige fruchttragende Nadelbaumarten aus der Gattung der Kiefer (Pinus) hervorgebracht. Es handelt sich dabei um die sogenannten Nordzedern, zu denen die Sibirische Zirbelkiefer (Sibirische Zeder), die Europäische Zirbelkiefer (Europäische Zeder) und die Koreanische Zirbelkiefer (Korea-Zeder) zählen.

Die mehr symbolische Bezeichnung "Zeder" erhielten diese Bäume aufgrund ihrer äußerlichen, aber nicht biologischen Gemeinsamkeiten mit den mächtigen Südzedern wie der Libanon-Zeder, der Atlas-Zeder und der Himalaya-Zeder, die tatsächlich zur Gattung der Zeder (Cedrus) gehören und echte Zedern sind. Doch bereits seit vielen Generationen wird die Sibirische Zirbelkiefer in ihrer Heimat Russland Zeder genannt, was auch in der Wissenschafts- und Unterhaltungsliteratur fest etabliert und allgemein anerkannt ist, obwohl der Name aus botanischer Sicht natürlich nicht korrekt ist. Er ist aber so geläufig, dass es unsinnig erscheint, die Sibirische Zeder Kiefer zu nennen. Europäische

Botaniker und die Bevölkerung der Bergregionen Mittel- und Südeuropas unterschieden die Europäische Zirbelkiefer schon immer von der gewöhnlichen Kiefer. Aus diesem Grund existieren in verschiedenen europäischen Sprachen und Dialekten viele eigenständige oder volkstümliche Bezeichnungen für die Europäische Zeder.

In Russland wurde der Zeder ein besonderes und hartes Schicksal zuteil. Die Sibirische Zeder und die Korea-Zeder, die sowohl die Menschen als auch die vielseitige Tierwelt der Taiga mit wunderbaren Nüssen reich beschenken, wurden, genau wie die Tanne und die Fichte, viele Jahrzehnte lang geringgeschätzt und als Bauholz gefällt.

Wird sie nicht gefällt, wird eine Zeder in ihrem jahrhundertelangen Leben Zeuge von den Vorzügen wie auch von den Lastern der menschlichen Gesellschaft: Sie beobachtet die Staatskunst der Zaren und Anführer des Landes auf der einen und die Ignoranz verschiedener Amtsträger im Umgang mit Ressourcen auf der anderen Seite. Sie sieht die bewusste Nutzung vieler Reichtümer der Zedernwälder der Taiga und die verschwenderische Zerstörung, die rein industrielle Nutzung des nusstragenden Baumes als Baumaterial. Sie ist Zeuge des leidenschaftlichen Schutzes, der ihr von Spezialisten wie Forstwirten und der wissenschaftlichen Gemeinschaft zuteil wird, und leider auch von Holzdiebstahl durch gierige Waldarbeiter. Sie hat das gesetzliche Verbot industrieller Abholzung im Jahr 1990 erlebt sowie dessen spätere Aufhebung nach dem modernen Prinzip "Fortschritt, der mit Profit einhergeht". Dieser Ausdruck wurde vom Schriftsteller Leonid M. Leonow, Autor des Buches "Der russische Wald", geprägt.

Die Sibirische Zeder ist ein Inbegriff von Schönheit. Sie ist majestätisch, wunderschön und sorgt bei Menschen mit Sinn für Ästhetik zu jeder Jahreszeit für Ergriffenheit. Die große Vielfalt ihrer dekorativen Möglichkeiten ist eine wahre Fundgrube für die Landschafts- und Gebäudebegrünung, die Bepflanzung von Vorgärten, um nur einige Beispiele zu nennen. In Russland gibt es keine andere Baumart, die, auch in ihrer Vielfalt an nützlichen Eigenschaften, der Sibirischen Zeder gleichkommt. Dieser farbenreiche, immergrüne Gigant der Taiga dient nicht nur der forstwirtschaftlichen Produktion, sondern verfügt auch über ein breites Spektrum an heilenden Wirkungen. Heilkräfte sind in den Nüssen, den Nadeln, dem Harz (Terpentin), dem Holz und der sterilen Zedernluft, die vom Duft der ätherischen Öle und des Balsams erfüllt ist, enthalten. Es ist sogar durchaus anzunehmen, dass die langlebigen Zedern mit ihren weit zum Himmel geöffneten Baumkronen kosmische Energie speichern und möglicherweise beim Kontakt mit einem Menschen dessen Bioenergetik verändern und Lebensenergie erhöhen.

Das Kostbarste an diesem Baum sind aber seine bereits erwähnten Zedernnüsse, bei denen es sich um ein sehr kalorienreiches Produkt mit hoher Bioaktivität handelt. Die Zedernnüsse waren einst eine wichtige wirtschaftliche Ressource Russlands. In den letzten Jahren wurden sie aufgrund der Massenzerstörung der ertragreichen Zedernwälder, der niedrigen Samenproduktivität, des hohen Alters der übrig gebliebenen

Bäume und der zeitaufwendigen Gewinnung unter den schweren Bedingungen in der Taiga zu einer raren und teuren Ware. Das Wiederaufleben der Massenproduktion von Zedernnüssen und die Deckung des wachsenden Bedarfs an diesem einzigartigen Nahrungs- und Heilprodukt sowie dem daraus gewonnenen Zedernöl hängt mit der Schaffung von hochergiebigen Zederngärten, Zedernplantagen und der Anpflanzung von Zedern sowohl in ihren natürlichen Wachstumsgebieten als auch in ihr nicht heimischen Gebieten zusammen.

Auf diese und weitere Themen möchte ich in allgemeinverständlicher Form in diesem Buch eingehen. Es erzählt von dem schweren Schicksal des Wunderbaumes in Russland und von seinen positiven Eigenschaften, aus denen jeder Mensch einen Nutzen ziehen kann, indem er die Zedernwälder der Taiga besucht, einen Zederngarten anlegt oder auch nur einige wenige Zedern anpflanzt und aufzieht. Dies ist zudem das erste Buch über die große Bedeutung und die Errungenschaften der Plantagenaufzucht von Zirbelkiefern zu verschiedenen Zwecken. Die Nutzung dieses Wissens ermöglicht es, ertragreiche Zederngärten zu schaffen und Zedern nicht nur in Russland, sondern auch in Europa anzupflanzen. Mein Buch richtet sich daher an Forstarbeiter, Züchter, Nussbaumexperten, Gärtner sowie an neugierige, außergewöhnliche und gutherzige Menschen, die die Schönheit und Kostbarkeit der Natur zu schätzen wissen. Schützt und vermehrt den Reichtum der Zedern! Pflanzt Zedern an und gebt das Wissen über sie weiter. Sie werden euer Leben verschönern und verlängern.

Im Zedernwald wird zu Gott gebetet!

Der Anblick von Zedern ist faszinierend. Mächtige, schokoladenfarbene Stämme sind von weichen, dunkelgrünen Nadelbüscheln umsäumt. In 30 Metern Höhe sind sie mit einer breiten, mit Zapfen übersäten Krone geschmückt. Die Entdecker Sibiriens, die Kosaken, waren von diesem wunderschönen Baum verzaubert. Sie nannten ihn Sibirische Zeder, da er in seiner äußeren Gestalt große Ähnlichkeit mit der echten Zeder – dem majestätischen Baum in Kleinasien und in angrenzenden Gebieten, welchen die Kosaken nur vom Hörensagen kannten – aufweist. Zwischen der Zeder und der Kiefer gibt es aber signifikante ökologische und biologische Unterschiede: Im Gegensatz zu den echten Zedern (Libanon-, Himalaya- und Atlaszeder), die wärmeliebend sind und keine essbaren Samen tragen, bringen die winterharten Nordzedern auch essbare Nüsse hervor. Trotzdem hat es sich eingebürgert, die Zirbelkiefer Zeder zu nennen, diese Bezeichnung wird bereits seit einigen Jahrhunderten in der wissenschaftlichen Terminologie verwendet.

Die erhabene und zugleich melancholische Schönheit der Königin der sibirischen Taiga wird in einem russischen Sprichwort zum Ausdruck gebracht: "Im Kiefernwald wird gearbeitet, im Birkenwald wird gelacht und im Zedernwald wird zu Gott gebetet." Mönche waren die Ersten, die der Fähigkeit der Sibirischen Zeder, den Geist zu stärken, Wertschätzung und Anerkennung entgegenbrachten. Vor über 400 Jahren legten sie auf dem Gebiet des ehemaligen Tolga-Klosters, das 1314 in der Nähe der Stadt Jaroslawl errichtet worden war, den sowohl in Russland als auch in Europa ersten Zedernhain an. Mit einem glücklichen Händchen und Gottes Segen brachten die Mönche diese Nadelbäume auch in andere Klöster, wo sie Gärten, Parks und Höfe verschönerten.

Die Sibirische Zirbelkiefer (Pinus sibirica) ist auf dem russischen Boden weit verbreitet: Sie ist von der Republik Komi bis nach Jakutien und vom Polarkreis bis zur russischen Landesgrenze in West- und Ostsibirien zu finden. Ihr Verbreitungsgebiet umfasst die nordöstlichen Gebiete des europäischen Teils von Russland, den nördlichen und mittleren Ural sowie West- und Ostsibirien. Sie gedeiht in äußerst unterschiedlichen Umwelt- und Klimaverhältnissen sowie in Flach- und Bergland, worauf ihre große intraspezifische Variabilität zurückzuführen ist. Das Verbreitungsgebiet der Sibirischen Zeder erstreckt sich von West nach Ost auf einer fast 4500 Kilometer langen Geraden, vom

Unterlauf des Flusses Wytschegda bis zum Aldanhochland, und von Nord nach Süd auf 2700 Kilometer Länge von der Stadt Igarka am Unterlauf des Jenissei bis zum Oberlauf des Orchon in der Mongolei.

Außerhalb von Russland wächst die Sibirische Zeder nur im Gebiet Ostkasachstan und in der nördlichen Mongolei. In diesen Gebieten gedeiht sie auf einer Fläche von etwas über 400 000 Hektar, in Russland nimmt ihr Bestand eine Fläche von etwa 36 Mio. Hektar ein.

Die westliche Grenze, die das Verbreitungsgebiet der Sibirischen Zeder markiert, verläuft vom Ural Richtung Nordwesten durch das Gebiet zwischen den Flüssen Tschussowaja und Ufa, kreuzt den Fluss Kama und reicht bis an den Unterlauf der Wytschegda. Hier befinden sich die westlichsten, natürlich wachsenden Zedernwälder dieser Art auf der osteuropäischen Ebene. Von hier aus nimmt der Grenzverlauf eine Wendung in nördliche Richtung und erstreckt sich anschließend nach Nordosten in Richtung des Flusses Petschora.

Bei dieser Grenze im Westen, die das Areal der Sibirischen Zeder markiert, handelt es sich jedoch nicht um eine klimatische Grenze. Auch über diese Linie hinaus wachsen auf dem europäischen Teil des Landes erfolgreich künstlich herangezüchtete Zedernwälder. Diese gibt es nicht nur in den an das Verbreitungsgebiet angrenzenden Regionen, sondern auch weiter westlich gelegen, wie in der Wolgaregion, in Zentralrussland und in der Zentralen Schwarzerde-Region.

Die Sibirische Zeder stellt relativ hohe Ansprüche an die Luftfeuchtigkeit und verträgt nur moderate Temperaturschwankungen. Das Bedürfnis nach einer höheren Boden- und insbesondere Luftfeuchtigkeit ist aber die einzige ökologische Kapriole der Zeder. Die Sibirische Zeder ist ein Mesophyt und kommt daher vor allem in mäßig feuchten Gebieten vor.

Die Art ist weitgehend frosthart und gedeiht innerhalb eines relativ großen Temperaturbereichs. Im Winter kann die Temperatur im nördlichen Verbreitungsgebiet, wie in den Bergen Ostsibiriens, auf bis zu -50 Grad Celsius sinken. Selbst Frost im späten Frühling oder frühen Herbst schadet den vegetativen Organen des Baumes nicht. Die generativen Organe (weibliche und männliche Zapfen) können jedoch unter Umständen in einem frühen Entwicklungsstadium Schaden nehmen, wenn die Temperaturen im Frühjahr zu tief sinken. Auch wenn die Zeder mit niedrigen Graden gut zurechtkommt, liebt der Baum doch die Wärme, z. B. in den Niedergebirgen des Altai und Sajan. Genau hier entwickeln sich die Zedern am besten und leben am längsten. In der dunklen Taiga im Nordosten des Altai wurden auf einer Höhe von 400 Metern über dem Meeresspiegel bis zu 45 Meter hohe Zederngiganten mit einem Durchmesser von bis zu knapp 2,5 Metern gefunden. Sie waren zwischen 800 und 850 Jahre alt (Abb. 1, S. 130).

Freistehend bilden die Bäume eine abfallende, prächtige, breite und besonders fruchtreiche Krone aus. In der oberen Hälfte der Krone entwickeln sich die weiblichen Zapfen, in der unteren Hälfte wachsen die männlichen “Ährchen”, also die Pollenspender. Zedern sind folglich einhäusig, sie bestäuben sich selbst mit ihren eigenen Pollen, die vom Wind verteilt werden und sich in gelben Wellen auch über beträchtliche Entfernungen hinweg verbreiten.

An den Boden stellt die Zeder keine großen Ansprüche. Bei ausreichender Feuchtigkeit kann sie auf den verschiedensten Böden gedeihen, auch auf sandigen und steinigen Böden sowie auf Schwarzerde. Am besten wächst sie auf fruchtbaren, stark drainierten, lehmigen und sandigen Böden mit guter Bodenstruktur und ausreichend Feuchtigkeit.

Der Art und Beschaffenheit des Bodens hat auch einen entscheidenden Einfluss auf die Entwicklung des Wurzelsystems. In feinem Untergrund breiten sich die Wurzeln meist in den oberen Schichten aus, während sich in gut drainierten Böden mit feiner mechanischer Zusammensetzung starke Ankerwurzeln bilden, die zwei bis drei Meter tief in den Grund vordringen. Zusammen mit den dicken Wurzelauswüchsen stützen sie zuverlässig den mächtigen, mehrere Tonnen schweren oberirdischen Teil des Baumes. Das für diese Art charakteristische Wurzelsystem ist nach circa 40 Jahren vollständig ausgebildet; danach werden die Wurzeln, je nach Wachstumsbedingungen, nur noch länger und dicker. Bei freistehenden Zedern reichen die Wurzeln weit über die Größe der Krone hinaus und breiten sich gleichmäßig aus. Wächst die Zeder in einem Wald, wachsen ihre Wurzeln jedoch nur selten über die Fläche der Kronenprojektion hinaus.

Das ökologische Optimum für diese Art bildet die Subzone der südlichen Taiga und der Gürtel des Niedergebirges (dunkler Gürtel) der Altai-Sajan-Bergregion mit fruchtbaren Böden und den besten hydrothermischen Bedingungen.[1] Unter diesen Bedingungen werden die produktivsten Samen in Hinblick auf das Wachstum und den biologischen Ertrag gebildet. Auch die Zedernwälder im unteren Mittelgebirge des Nordost-Altais zeichnen sich durch eine hohe Samenproduktivität aus. ***In diesen Regionen ist der wertvollste Genpool dieser Art zu finden – mit einer relativ hohen Konzentration an seltenen Genotypen in Bezug auf Ertragsfähigkeit, Wachstumsgeschwindigkeit, Schönheit, Harzertrag und andere wertvolle Eigenschaften*** (Abb. 2, S. 131).

Das Altai-Gebirge gilt als die Heimat der Sibirischen Zeder, hier tritt sie in ihrer ganzen Pracht in Erscheinung. Eintönigkeit ist in den Zedernwäldern nicht anzutreffen. Dämmerlicht und Kühle beherrschen die niedrig gelegenen, mit hohem Gras bewachsenen Zedern-Fichten-Wälder der (dunklen) Taiga, wo riesige, 30 bis 35 Meter hohe Stämme von eineinhalb bis zwei Meter Durchmesser mit mächtigen Baumkronen von einem stabilen Wurzelsystem getragen werden. Bei freistehenden Bäumen entsteht eine außerordentlich dekorative, kandelaberartige Krone, wie sie bei keiner anderen Nadelbaumart zu finden ist. Die nach oben

---

1) Irošnikov, 1985

gebogenen Enden der Zweige verleihen der Zeder ihre typische Erscheinung und lassen sie Leichtigkeit, Entschlossenheit sowie Vollkommenheit ausstrahlen.

Je höher man die Berge hinaufsteigt, desto mehr geht die gemischte Taiga in reine, hochgewachsene und wunderschöne Zedernwälder über. Ein grüner Moosteppich umhüllt die dicken Wurzelauswüchse, und hoch oben schwingen die krausen Baumkronen mit ihren smaragdgrünen Wipfeln verträumt durch das durchsichtige Azurblau des Himmels. Noch höher gelegen, auf alpinen Wiesen, stehen die Zedern frei und senken ihre riesigen Zweige bis zur Erde hinab, "wie die Bojaren[2] in teuren grünen Samtmänteln", wie es der russische Schriftsteller Dmitri Mamin-Sibirjak ausdrückte. Hier, nahe der oberen Waldgrenze, bilden sich spärliche Zedernwälder, die einem Park ähneln. Es ist kein Zufall, dass am Rand des Verbreitungsgebietes nur wenige Bäume dieser Art wachsen. Dies hängt nicht mit der Lichtbedürftigkeit der Zeder zusammen, sondern mit ihrem Bedarf an einer stärkeren Erwärmung des Bodens und des Pflanzengewebes im rauen Klima des Hochgebirges. Die geringe Baumdichte erhöht ihre Ansprüche an die Temperatur und aktiviert wichtige Lebensprozesse in Boden und Stamm. An felsigen Abhängen gedeihen niedrigwüchsige Zedern mit kurzen, dichten Nadeln und einer kompakten, robusten Krone, die zwei bis zweieinhalb Meter hoch und

2) Bojaren waren russische Adlige, die im Rang unter dem eines Fürsten oder Zaren standen.

ungefähr 50 Jahre alt werden. In Bezug auf Nährstoffe sind sie sehr unkompliziert, einen großen Teil nehmen sie über den Niederschlag auf (Abb. 3, S. 132).

Die Sibirische Zeder ist eine sogenannte zoochore Art, die ihre Samen durch Tiere verbreitet. Im Fall der Zeder handelt es sich dabei fast ausschließlich um Tannenhäher, die die schweren Samen über große Distanzen hinweg verbreiten. Deshalb ist die Vermehrung der Zeder von der Biologie dieses Taiga-Vogels und den Umweltbedingungen, die er für das Anlegen seiner Nussvorräte bevorzugt, abhängig.

Der Tannenhäher hat sich zusammen mit der Zeder im Zuge der Evolution weiterentwickelt, weshalb er für seine Vorräte genau die Orte auswählt, die für die Vermehrung der Zeder optimal sind. Hochgewachsene und breitblättrige Gräser überwuchern das Zedernjungholz, das unter dem dichten Pflanzenschirm oft abstirbt, und sind daher denkbar ungeeignet als Aussaatplatz. Eine Moosdecke aber verhindert, dass Laubbäume und Gräser gedeihen und ist gleichzeitig förderlich für eine erfolgreiche Ausbreitung der Zeder. Das recht dichte und ständig feuchte Kissen aus grünem Moos sorgt für angemessene Temperaturverhältnisse und eine gute Luftzirkulation, die für die Stratifikation der Samen, das Durchbrechen ihrer Keimhemmung, notwendig ist. Außerdem stellt es einen Schutz vor Nagetieren dar. Das nachgiebige Moos erlaubt es den langen Keimlingen zudem, leicht bis zur Erdoberfläche durchzudringen.

Als wäre sich der Tannenhäher all dessen bewusst, meidet er mit hohen Gräsern oder Farnen bewachsene Orte und bevorzugt für seine Vorratskammern stattdessen offene, mineralstoffhaltige und aufgelockerte Erdflächen, die mit einer Moosdecke oder manchmal auch mit feinen Gräsern bewachsen sind. Auf diese Weise wird die Zeder auf abgeholzten Flächen, Brandflächen und unter dem Schirm von Nadel- und Laubbäumen angesiedelt.

In den ersten fünf bis sieben Jahren wächst die Sibirische Zeder nur sehr langsam in die Höhe. Selbst unter optimalen Bedingungen legt sie in dieser Zeit nur etwa 20 bis 40 Zentimeter zu. Ihre Schattenverträglichkeit verdankt sie der Anpassungsfähigkeit ihrer Art, die es ihr ermöglicht, unter langanhaltend schwierigen Bedingungen zu überleben. Mit zunehmendem Alter nimmt aber das Bedürfnis nach Helligkeit zu und die Wachstumsenergie steigt; die Zeder wächst auch besser, wenn sie schon in jungem Alter an einem hellen Ort steht. Der durchschnittliche Höhenzuwachs im Leben des Baumes beträgt 30 bis 35 Zentimeter im Jahr, der höchste Jahreszuwachs liegt bei 50 bis 60 Zentimetern. Die Zeder wächst langsam, dafür aber lange, ganz nach dem Gesetz der Natur: "Je langsamer das Wachstum, desto länger das Leben."

Sind die Wachstumsverhältnisse und die ökologischen Bedingungen ideal und hat der Baum ausreichend Platz, wird er das erste Mal mit 10 bis 20 Jahren Früchte tragen, wächst er in einem dichten Bestand, erst mit 40 bis 70 Jahren. Im Durchschnitt fruchten die Bäume 200 bis 300

Jahre lang, einige produzieren sogar im Alter von 500 bis 600 Jahren noch Samen. Die Fruchtentwicklung ist allerdings nicht regelmäßig, in 20 Jahren bringt eine Zeder unter optimalen ökologischen Bedingungen 14 gute oder reiche Ernten hervor, im nördlichen Teil des Verbreitungsgebiets sind es nicht mehr als fünf. Unter optimalen Bedingungen können in Zedernwäldern im Durchschnitt 200 bis 300 Kilogramm Nüsse pro Hektar geerntet werden – ganz einfach durch das Aufsammeln vom Boden, denn wenn sie reif sind, fallen die Zapfen mit den Nüssen in der Nähe der Kronenprojektion zu Boden.

Das Leben dieser Hünen ist lang. Sie entwickeln sich am besten und erreichen das höchste Alter (850 Jahre) im Altai- und Sajangebirge, wo es große jährliche Niederschlagsmengen (über 800 Millimeter) gibt und ausreichend warm ist. Sie wachsen ohne Hektik und erreichen ihre volle Reife mit 200 bis 250 Jahren. In dieser Zeit hat die schnell wachsende Birke schon zwei Generationen durchlaufen und auch das Leben der gemächlichen Kiefer neigt sich bereits dem Ende zu. Die heute 500 Jahre alten Zedern sind dagegen lebende historische Denkmäler. Zu Beginn der Herrschaft von Iwan dem Schrecklichen waren sie junge Pflanzen, als der Kosake Jermak Sibirien zu erobern begann, fingen sie an, Früchte zu tragen, unter Peter I. erlebten sie den Höhepunkt ihrer Samenentwicklung und unter Elisabeth II. brachten sie hohe Ernten hervor. Außerdem waren sie Zeitgenossen von Puschkin, Turgenew und Tolstoi ...

Die Fähigkeit zur Waldbildung verdankt die Sibirische Zeder ihren biologischen Eigenschaften. Dank ihrer Schattenverträglichkeit in jungem Alter und ihrer sehr hohen Lebenserwartung erneuern sich die Zedern-Urwälder ganz allmählich auf ihrem früheren Territorium.

Die Verwandten der Sibirischen Zeder

Die Vorteile jeder beliebigen Pflanzenart treten deutlicher zutage, wenn man sie mit anderen Arten, die ähnliche biologische, ökologische oder dekorative Eigenschaften haben, vergleicht. Die Sibirische Zeder hat nahe und entfernte Verwandte – in Russland sind es die Korea-Zeder und die Zwerg-Kiefer. Bei Ersterer handelt es sich um einen Baum, die Zweite gehört zu den hochwachsenden Strauchgewächsen (sie wird bis zu vier Meter hoch). Hoch in den Bergen Europas, einschließlich der ukrainischen Karpaten, fand die baumartige Europäische Zeder während der Eiszeit Zuflucht.

Diese Zedern sind in Bezug auf die ökologischen Umweltbedingungen relativ anspruchslos. Da sie ursprüngliche Sibirier sind, zeichnen sie sich durch eine hervorragende Gesundheit und Langlebigkeit aus, sie haben keine Krankheiten, die anderen Arten schaden könnten. Doch besonders heben sie sich durch ihre Kälteresistenz und die Dauer der Vegetationsperiode hervor.

Zirbelkiefern sind zwar schattenverträglich, doch an einem hellen Standort wachsen sie besser und fruchten früher, üppiger und regelmäßiger. In jungen Jahren müssen sie sich lange mit dem Schatten arrangieren, was zu einem deutlich gehemmten Wachstum und einer später einsetzenden Reifephase führt. Befinden sich die Bäume in einem dicht bewachsenen Wald, bringen sie nach 50 bis 80 Jahren Früchte hervor, wachsen sie freistehend und befinden sich immer im Licht, fruchten sie schon nach 12 bis 25 Jahren. Deshalb sollte man sie in jungen Jahren an einen hellen Ort setzen, um eine gute physiologische Entwicklung und eine zeitgerechte Samenentwicklung zu gewährleisten.

Die **Europäische Zirbelkiefer** oder **Europäische Zeder** (*Pinus cembra. L.*) ist die engste Verwandte der Sibirischen Zeder, ihrer Vorfahrin. Bei der Kreuzung der beiden Arten sind interspezifische Hybride hervorgegangen.[3] Diese relativ neue, nahverwandte Art hat eine interessante Herkunftsgeschichte. Vor langer Zeit, als auf der Erde die modernen Kontinente sowie Berg- und Flachrelief entstanden, war die Sibirische Zeder zu Beginn der pleistozänen Kaltzeit auf dem gesamten Gebiet Europas und in Sibirien bis zum Einzugsgebiet der Lena verbreitet. Ihre Pollen wurden in den Böden der westlichen Alpen, in den Karpaten und in angrenzenden Gebirgsvorländern, auf der Polnischen und

---

3) Titov, 2006

Russischen Ebene sowie in den Einzugsgebieten der Flüsse Chopjor, Oka und Wolga gefunden.

Vor 16.000 bis 18.000 Jahren, im mittleren Holozän – der Zeit, in der wir heute leben –, hat sich das Verbreitungsgebiet der Sibirischen Zeder im Zuge der Erderwärmung erheblich verkleinert. Das Eis wich, die Zeder wurde durch wärmeliebende, breitblättrige Baumarten (Eiche, Buche u. a.) ersetzt und verschwand aus der russischen Ebene. In Westeuropa zog sie sich aus unbehaglich warmen Tälern und niedrigen Berggürteln zurück. Zuflucht fand die kältebeständige Sibirische Zeder im kühlen und feuchten Klima des Alpen- und Karpatenhochlandes.

Das riesige, zuvor lückenlose euroasiatische Areal dieses Baumes war nun aufgespalten. Jenseits des Urals, in Sibirien, blieb die Sibirische Zeder in ihren gewohnten ökologischen Umweltbedingungen erhalten, in den Bergen Mitteleuropas hingegen wuchs sie unter für sie ungewöhnlichen Bedingungen. Die lang andauernde räumliche Isolation im ungewohnten und neuen klimatischen Umfeld des Hochgebirges führte zu einer Veränderung der physiologischen Eigenschaften und trug zum Auftreten einer neuen Art bei, der jungen westeuropäischen Zeder. Da ihre geographische Isolation erst vor kurzer Zeit stattfand, ist sie in morphologischer Hinsicht ihrer sibirischen Vorfahrin sehr ähnlich. Sie unterscheidet sich von ihr durch ein langsames Wachstum, eine geringere Höhe (10 bis 25 Meter), schmalere (1 Millimeter) und kürzere (5 bis 8 Zentimeter), dunkelgrüne, leicht bläuliche Nadeln sowie durch kleinere

Zapfen und Samen. Die Nadeln bleiben sechs bis acht Jahre lang am Baum. Die Europäische Zeder wächst in einem vergleichsweise gemäßigten kontinentalen Klima mit maximal mäßigem Frost im Winter und hohen Temperaturen im Sommer, bei einem Jahresdurchschnitt von unter 0 Grad Celsius. Sie kann sich mit einer Vegetationsperiode von nur zweieinhalb Monaten Dauer begnügen.

Der heutige Lebensraum dieser Art befindet sich in den Bergen Mittel- und Westeuropas im Mittel- und Hochgebirge der Karpaten, der Tatra und der französischen, italienischen, deutschen und Schweizer Alpen. Dort bildet die Europäische Zeder in Höhen von 1200 bis 2400 Metern über dem Meeresspiegel häufig die obere Waldgrenze. Sie wächst inmitten großer reiner oder gemischter Bestände zusammen mit der Europäischen Lärche und der Gemeinen Fichte.

Die Europäische Zeder ist einhäusig und windblütig. An einem Baum entwickeln sich gleichzeitig weibliche und männliche Fortpflanzungsorgane, die sich an unterschiedlichen Teilen der Baumkrone befinden: Die weiblichen, fruchttragenden Triebe liegen im oberen (dem weiblichen) sowie im mittleren (dem gemischten) Teil, die männlichen, pollenbildenden Triebe befinden sich im mittleren und unteren (dem männlichen) Teil. Wachstumstriebe entwickeln sich auf der gesamten Krone. Wenn der Baum reif ist, werden 15 bis 20 Prozent von ihnen entweder weiblich (Triebe aus der weiblichen und mittleren Ebene) oder männlich (Triebe aus der männlichen Ebene). Je nachdem wie groß die Dominanz der einzelnen Triebe ist, gehen Exemplare verschiedenen Geschlechts hervor: Übersteigt die Anzahl der männlichen die Anzahl der weiblichen Triebe nur ein wenig, wird es ein weibliches Exemplar, eine etwas höhere Dominanz bringt ein gemischtes Exemplar hervor und erst bei einer deutlichen Vorherrschaft männlicher Triebe entsteht ein männlicher Baumtyp. Eine derart spezialisierte Art der Reproduktion gewährleistet eine effiziente Samenbildung bei Fremdbestäubung. Die Hauptfunktion der Exemplare weiblichen Typs ist die Samenproduktion, und dabei handelt es sich hauptsächlich um ertragreiche Genotypen mit geringer Pollenbildung. Männliche und gemischte Typen produzieren eine enorme Menge an lebensfähigen Pollen, dafür eine kleinere Menge an Nüssen.

Freistehende Bäume erreichen die Reifephase nach 40 bis 50 Jahren, dicht beieinander stehende erst nach 60 bis 70 Jahren. Im Alter von 120 bis 280 Jahren bringen die Zedern den höchsten Ertrag. Unter natürlichen Bedingungen im Hochgebirge tragen die Bäume alle sechs bis zehn Jahre reiche Ernten. Von mir[4] ausgewählte und in die Woronescher Waldsteppe sowie in die Umgebung Moskaus eingeführte Exemplare tragen fast jährlich große Mengen an Nüssen (Abb. 4, S. 133). Von Jahr zu Jahr unterliegen die Beschaffenheit der Zapfen, Anzahl und Qualität der Samen sowie die Höhe der Nussernte starken Schwankungen. Im Gorgany-Gebirge in den Karpaten, dem typischen Lebensraum

---

4) Titow, 2004

der Zeder, auf einer Höhe von 1330 bis 1380 Metern über dem Meeresspiegel haben die Zapfen von Bäumen im Alter von 190 bis 310 Jahren eine durchschnittliche Länge von 46 bis 56 Millimeter (höchstens 84 Millimeter) und sind 41 bis 43 (höchstens 59) Millimeter breit. Die Anzahl der Samen in einem Zapfen liegt zwischen 19 und 59 (höchstens 90), ihr Gewicht in einem Zapfen liegt zwischen 5 und 11 (höchstens 22) Gramm. Eintausend vollkörnige Samen wiegen 270 bis 300 Gramm, 3300 bis 3700 Samen wiegen somit ein Kilogramm.[5] In ertragreichen Jahren reiften auf einem Baum durchschnittlich 84 Zapfen oder 700 Gramm Samen, auf einem Hektar 70 bis 80 Kilogramm. In anderen Teilen des alpinen Terrains, z. B. in den Bayerischen Alpen, trugen einzelne Bäume zwischen 200 und 600 Zapfen, auf einer Fläche von einem Hektar produzierten die Bäume in guten Erntejahren 280 Kilogramm Nüsse.[6]

Die Europäische Zirbelkiefer ist anspruchsvoll in Bezug auf Feuchtigkeit und relativ schattenverträglich. Ihre dichte Krone, die langlebigen Nadeln (sie bleiben fünf bis acht Jahre am Baum), das langsame Wachstum und die langsame Astreinigung des Stammes zeugen von einem geringen Lichtbedarf. Auch an den Boden stellt sie keine hohen Ansprüche, doch auf einem mäßig feuchten, tiefen, gut aufgelockerten, lehm- und leicht tonhaltigen Grund wächst sie am besten. Sie ist unempfindlich gegenüber klimatischen

5) *Smaglûk, 1972*
6) *Rohmeder, 1955*

und biotischen Umwelteinflüssen, obwohl ihre Wipfel im Hochgebirge oft von Schneebruch betroffen sind.

Die Europäischen Zedern werden sehr alt. Der Großteil von ihnen wird 400 bis 500 Jahre alt, manche leben sogar 1000 bis 1100 Jahre lang. Im Vergleich zur Sibirischen Zeder ist die Europäische Zeder ein sogenannter Xerophyt, d. h. eine Pflanze, die an sehr trockenen Standorten gedeiht, weshalb sie sich in regenarmen Gebieten besser anzupassen weiß.

Wie auch die anderen Zirbelkiefern, ist die Europäische Zeder ein sehr nützlicher Baum und produziert wertvolle Zedernnüsse. Sie sind eine kalorienreiche, ausgewogene Nahrungsquelle mit vielen bioaktiven Substanzen, die verschiedene heilende Wirkungen haben. Ihr Kern enthält 50 bis 60 Prozent Fett, 15 bis 18 Prozent Proteine, einen Komplex aus B-Vitaminen sowie 19 Aminosäuren, wovon 70 Prozent essenzielle und semiessenzielle Aminosäuren sind.

Schauen wir uns das Ganze doch noch etwas genauer an: Das Fett der Zedernnuss enthält eine große Anzahl an mehrfach ungesättigten Fettsäuren, was es positiv von anderen Fetten unterscheidet. Die Proteine haben einen relativ hohen Gehalt an Aminosäuren, insbesondere an Arginin, was für die körperliche und geistige Entwicklung von Kindern und Jugendlichen äußerst wichtig ist. Der therapeutische Nutzen von Zedernsamen ist auch auf den hohen Gehalt an B-Vitaminen zurückzuführen, wie Riboflavin und Thiamin, aber auch auf die Makro- und Mikroelemente Kupfer, Kobalt, Vanadium, Kalium und Zink. Unter anderem regulieren sie

Stoffwechselprozesse, das Wachstum, die Bildung von Fettsäuren, die Blutbildung und unterstützen die Arbeit des Herzkreislauf-, Verdauungs- und Hormonsystems. Außerdem hemmen sie die Bildung von Cholesterin in den Blutgefäßen, gewährleisten eine gesunde Funktion der Prostata und stärken das Immunsystem. Die Samen enthalten eine große Menge an Vitamin E (Tocopherol, was aus dem Griechischen im Übrigen übersetzt so viel wie "Ich bringe Nachkommen" bedeutet), welches wichtig für die Erhaltung der Art ist.

Auch das aus den Nüssen gewonnene Zedernöl enthält dieselben Nährstoffe und Heileigenschaften. Die Zedernöle der Europäischen und der Sibirischen Zeder haben eine fast identische Zusammensetzung. Diese Öle haben einen sehr hohen Gehalt (86 bis 87 Prozent) an den essenziellen, mehrfach ungesättigten Fettsäuren Linol- und Linolensäure. Sie können im menschlichen Körper nicht synthetisiert werden, spielen aber eine sehr wichtige Rolle. Damit der Organismus gut funktioniert, sollten diese Säuren deshalb mit der Nahrung aufgenommen werden.

Zedernöl ist hellgelb oder gold-bernsteinfarben, hat ein wundervoll nussiges Aroma und einen angenehmen Geschmack. Es wird nicht nur für medizinische Zwecke und als Nahrungsmittel genutzt, sondern auch von führenden Parfüm- und Kosmetikfirmen für die Herstellung von Parfums, Cremes, Shampoos und Lotionen verwendet. Das schnell trocknende technische Öl findet Anwendung in der Herstellung von Lacken und Farben, die in der Firnismalerei zu den besten zählen.

Aus den Nadeln der Europäischen Zeder wird ätherisches Öl gewonnen, das angenehm und balsamisch duftet. Hauptverbraucher des ätherischen Öls ist aus diesem Grund die Parfümindustrie. Außerdem weist es antiseptische, bakterizide, desinfizierende und harntreibende Eigenschaften auf. Es wird empfohlen, das ätherische Öl bei Erkrankungen der oberen Atemwege zu inhalieren[7], beispielsweise bei Erkältungen, Angina, Lungenentzündung oder Asthma. Hergestellt wird es vor allem in der Schweiz, jedoch in begrenzter Menge, da die Europäische Zeder zu den geschützten Arten zählt.

Nicht weniger wertvoll ist das Zedernharz, das sogenannte "Karpaten-Terpentin", das die Fähigkeit besitzt, Wunden schnell zu heilen. Es befindet sich im Holz, ist farblos, durchsichtig und hat einen angenehmen Geruch. Das Harz hat eine stark keimtötende Wirkung, weshalb es in der Medizin bei der Behandlung von Geschwüren oder Hauterkrankungen zum Einsatz kommt. Es ist der Grundrohstoff bei der Herstellung von Kampfer, Terpentinöl, Zedernbalsam (für die Verwendung in der Optomechanik und Mikrotechnik) und Immersionsöl (für die Verwendung in der Mikroskopie).

Obwohl das Holz der Europäischen Zeder viele wertvolle Eigenschaften besitzt, wird es nur begrenzt genutzt, da dieser seltene Baum in den meisten Ländern auf der Roten Liste gefährdeter Arten steht. Das Holz hat eine schöne Struktur

7) Celitel'nye aromaty prirody, 2004

und eine hübsche gelblich-rosa Farbe. Es ist weich und kann leicht bearbeitet werden. Es verströmt ununterbrochen ein feines Aroma ätherischer Öle, die die Luft reinigen und desinfizieren. Das Holz der Europäischen Zeder wird für die Herstellung von eleganten und schönen Möbeln, Haushaltsgeräten (Fässer, Bottiche u. a.), kunstvollen Bastelarbeiten sowie für Einlegearbeiten verwendet.

Die Europäische sowie auch die Sibirische Zeder verbinden demnach auf äußerst harmonische Weise eine Vielzahl an wertvollen inneren mit dekorativen äußeren Eigenschaften.

Die **Korea-Kiefer** oder **Mandschurische Kiefer** (*Pinus koraiensis*) ist ihrer Herkunft nach von der Sibirischen Zeder weiter entfernt. Bei kontrollierten Kreuzungen zwischen den beiden Arten sind keine Hybride hervorgegangen, was davon zeugt, dass die beiden Zirbelkiefern genetisch inhomogen sind. Die Arten unterscheiden sich nicht nur in Größe und Färbung der Zapfen sowie in Form und Aufbau der Samen, sondern auch im Aufbau ihrer Nadeln und morphologischen Besonderheiten der Pollen.

Die Korea-Kiefer ist ein großer, geradstämmiger Baum, der 35 bis 40 Meter hoch und im Durchmesser bis zu zwei Meter breit wird. Sie hat eine mächtige, häufig mehrgipflige Krone und eine weniger dichte Benadelung als die Sibirische Zeder. In den meisten Fällen entsteht eine Mehrgipfligkeit infolge eines Abbrechens der ursprünglichen Spitze, denn der Wipfel von großen Bäumen kann in Jahren mit reicher

Ernte und starkem Wind unter dem Gewicht der zahlreichen großen Zapfen abbrechen.

Die rosig-graue, dicke Borke ist in jungen Jahren glatt, später rissig. Die Jungsprosse sind mit einem dichten rötlich-kupferfarbenen Flaum überzogen, und die Nadeln sind dreikantig, 10 bis 20 Zentimeter lang, 1 bis 2 Millimeter breit, hart und von bläulich grüner Farbe, weshalb Reinbestände der Korea-Kiefer aus der Vogelperspektive betrachtet atemberaubend schön aussehen.

Ihr Wurzelsystem ist oberflächlich und gut ausgebildet mit kräftigen Seitenwurzeln. Frische, tiefe, mit Kies oder Sand unterlegte Lehmböden bilden den besten Untergrund für diese Art. In Bezug auf den Mineralstoffgehalt im Boden ist sie nicht besonders anspruchsvoll, sie verträgt jedoch keine übermäßige Feuchte in den oberen Bodenhorizonten und meidet kalte und nasse Böden mit schlechter Luftzirkulation, kann sich aber mit einer Befeuchtung durch Fließgewässer abfinden. Auf Trockenperioden in Frühjahr und Herbst in ihrem natürlichen Verbreitungsgebiet reagiert sie nicht sehr empfindlich.

In jungem Alter wächst sie in schattigen Gebieten langsamer als Laubbäume, jedoch schneller als Fichte und Tanne. Mit zunehmendem Alter nimmt auch der Zuwachs in Höhe sowie Breite zu, und als langlebige Baumart wächst sie bis ins hohe Alter immer weiter - manche Bäume wachsen 500 Jahre lang oder sogar länger.

Sie wächst in Lebensräumen mit einer durchschnittlichen jährlichen Lufttemperatur von etwas über 0 Grad Celsius und mit geringen Temperaturschwankungen im Laufe des Jahres. Sie zeichnet sich durch eine vergleichsweise hohe Kälteresistenz aus. Verbreitet ist sie in Gebieten mit hoher Luftfeuchte im Fernen Osten, in den Bergen Nordost-Chinas, im nördlichen Teil der Koreanischen Halbinsel und auf der Insel Honshū in Japan.

Der Baum eignet sich für das ökologische Bauen und die Schaffung von Forstkulturen in Waldgebieten. Er wird in den Oblasten Moskau, Leningrad und Woronesch sowie in der Republik Baschkortostan kultiviert.

Die Zwerg-Kiefer (Pinus pumila) ist ebenfalls keine enge Verwandte der Sibirischen Zeder, und auch die Verbreitungsgebiete der beiden Arten überschneiden sich für gewöhnlich nicht. Zwar begegnen sie sich in kleinen Bereichen im Baltikum und im südwestlichen Jakutien, doch hauptsächlich wachsen sie in verschiedenen ökologischen Nischen, d. h. ökologisch isoliert voneinander. Ob eine natürliche Hybridisierung zwischen ihnen möglich ist, bleibt fraglich.

Die Zwerg-Kiefer ist auf einem sehr großen Gebiet in Ostsibirien und im Fernen Osten, vom Baikal bis zu den Kurilen-Inseln beheimatet. Sie ist außerdem in China, der Mongolei, Nordkorea und Japan (Honshū-Insel) anzutreffen.

Sie ist ein immergrüner, dicht verzweigter, baumartiger, kriechender Strauch oder kleines Nadelbäumchen von drei bis sieben Metern Höhe. Die Stämme liegen auf dem Boden, die Zweige strecken sich zwei bis drei Meter hoch in die

Luft. Da Stamm und Zweige den Boden berühren, bilden sie Nebenwurzeln aus, dank derer die Pflanzen mehr Nährstoffe aus dem Boden bekommen. Wenn die Zwerg-Kiefer zwischen 220 und 280 Jahren alt ist, kann ihr Kriechstamm bis zu 17 Meter lang und 25 Zentimeter dick sein.

Die Nadeln stehen zu fünft in Büscheln, sind bläulich grün, hart, dreikantig und vier bis acht Zentimeter lang. Sie haften fest an den Trieben und verbleiben zwei bis vier Jahre lang an den Ästen.

Die Zwerg-Kiefer hat einen langsamen Wuchs. An den Boden stellt sie nur geringe Anforderungen: Sie wächst auf Sand, Lehmsand, an Abhängen und auf Schuttboden. Normalerweise bildet sie ein oberflächliches Wurzelsystem aus, in tiefen, frischen Böden wurzelt sie tiefer.

Die Zwerg-Kiefer hat eine besondere ökologische Fähigkeit: Wenn der Frost einsetzt und beständiger Schneefall herrscht, senkt sie ihre Zweige nieder und legt sie auf der Erde ab. Die Zweige überwintern im Schnee unter den härtesten klimatischen Bedingungen, und sobald wieder angenehme Tagestemperaturen herrschen, erheben sie sich erneut. Diese Anpassungsfähigkeit des Nordländers bleibt ihm auch bei der Ansiedlung in neuen, nicht heimischen Gebieten und unter angenehmeren Bedingungen erhalten. In der experimentellen Zuchtstation in der Waldsteppe der Oblast Lipezk beispielsweise senkte die Zwerg-Kiefer ihre Zweige bei -25 bis -30 Grad Celsius zur Erde.[8]

8) Kuz'min, 1969

Die Zwerg-Kiefer vermehrt sich sowohl mit Hilfe ihrer Samen, die vom Tannenhäher und anderen Vertretern der Fauna weggetragen werden, als auch durch die Bildung von Absenkern. Dafür bildet sie vor allem auf Moosunterlagen Nebenwurzeln aus. Die Samenbildung beginnt im Alter von 22 bis 30 Jahren, sind die Boden- und Klimaverhältnisse günstig, auch schon früher. Geringe Ernten gibt es fast jährlich, üppige Ernten alle zwei bis drei Jahre. Die Zapfen sind klein, zylindrisch, vier bis fünf Zentimeter lang, zwei bis drei Zentimeter breit und enthalten 35 bis 40 kleine essbare Samen (Nüsse).

Die Zwerg-Kiefer wird für die Stützung von Hängen und Sandböden in feuchten Gebieten und die Schaffung von "alpinen Gärten" und Gruppenpflanzungen in Gärten und Parks genutzt.

Das Schicksal der Zeder in Russland

Die wichtigste Nussbaumart Russlands

Der größte Reichtum der Sibirischen Zeder sind ihre Nüsse, deshalb wird sie auch zu den Fruchtbäumen gezählt. Der Anteil der Zeder am biologischen Ertrag aller Nussbaumarten Russlands (Walnuss, Pekannuss, Haselnuss) liegt bei 90 Prozent.

Über viele Jahrhunderte hinweg dienten die Zedernwälder als Quelle für Nüsse und Pelze. Das Gesetzesbuch oder "Uloschenie" aus dem Jahr 1649 von Zar Alexei Michailowitsch, dem Vater Peters des Großen, sowie einige Erlasse der nachfolgenden Monarchen Russlands, verboten es, Zedern zu fällen und sie während der Zapfenernte zu beschädigen. Bei Brandstiftung in Sibirischen Zedernwäldern, in welchen Zobeljagd betrieben wurde, wurde mit der Todesstrafe gedroht. Hinter diesen Anordnungen stand das Interesse, die Einnahmen der königlichen Kassen sicherzustellen.

Im Leben der sibirischen Bevölkerung spielte die Zedernindustrie eine wichtige Rolle, und die Zeder erhielt den Beinamen "Brotbaum". Aus den Zedernnüssen wurde Milch, Sahne und Öl hergestellt. All diese Produkte sind lange haltbar und leicht bekömmlich, weshalb die an die Dörfer grenzenden Zedernwälder von alters her geschont und sorgsam genutzt wurden. Siedlungsnahe Zedernwälder sind "sibirische Waldgärten", die unter der Obhut des Menschen als Ergebnis einer Zuchtauslese entstanden sind. Nach Aussage des Schriftstellers Wladimir Tschiwilichin handelt es sich bei diesen um eine auf der Welt einzigartige "Nadelbaumgartenkunst". Kluge Bauern aus dem Ural und Sibirien, die die Zeder als einen Baum erkannten, der wertvolle Nüsse trägt, veredelten im 18. und 19. Jahrhundert Zedernbestände in der Nähe von Siedlungen. Viele Jahrzehnte lang durchforsteten sie die Wälder und befreiten sie nach und nach von Tannen, Birken und wenig ergiebigen, unterdrückt wachsenden und verletzten Zedern. Sie ließen nur die besten Exemplare dieser Art übrig. Da die Bäume nun viel Platz hatten, bildeten sie eine breitästige, abfallende, einem Gartenbaum ähnliche Krone aus und begannen, reichlich und regelmäßig Samen zu tragen.

Dem aus dem Ural stammenden Forstwirt Michail Petrov zufolge[9] wurden in diesen siedlungsnahen Zedernwäldern von zahlreichen Bäumen bis zu 1000 Zapfen geerntet, was bis zu 20 Kilogramm Nüssen entsprach – die Samenpro-

9) *Petrov, 1961*

duktion ist in den lichteren Zedernbeständen um ein Vielfaches höher als in den dichten Wäldern der Taiga. In manchen Jahren reifen in diesen Beständen auf einem Hektar 500 bis 1500 Kilogramm Nüsse.

Die Zedernwälder waren öffentliches Eigentum, wurden vor Holzdiebstahl geschützt und auf Dorfversammlungen wurden Verbote erlassen, die Zedernnüsse zu sammeln, bevor sie vollständig reif waren. An der gut organisierten Ernte beteiligte sich die gesamte Gemeinde. Das Zederngewerbe war von großer Bedeutung für das wirtschaftliche Leben und machte mehr als 50 Prozent des Einkommens der bäuerlichen Bevölkerung aus.

Im aufgeklärten Europa waren Zedernnüsse seit jeher ein exotisches Produkt. Bereits im 16. Jahrhundert verbreiteten sich die Nüsse in England und Italien, später auch in anderen Ländern. Zunächst wurden die Zedernnüsse auf dem Seeweg über Archangelsk transportiert. Gegen Ende der ersten Hälfte des 18. Jahrhunderts wurden sie auch über die Stadt Kjachta ausgefahren. In der zweiten Hälfte des 19. Jahrhunderts begann der Export von Sibirien über die Karasee nach Europa.

Reiche und regelmäßige Zedernnusserträge waren für die Wirtschaft Sibiriens äußerst wichtig. In einigen fruchtbaren Jahren in der Mitte des 19. Jahrhunderts kamen über 400.000 Pud[10] (6000 Tonnen) Nüsse auf die Märkte, über eine Million Pud (16.000 Tonnen) wurden geerntet. Hauptlieferanten waren

10) Anm. d. Ü.: frühere russische Gewichtseinheit. 1 Pud = 16,36 Kilogramm

die Gouvernements Tobolsk und Jenisseisk. In Jahren mit reicher Ernte machten die Nüsse fast 50 Prozent der gesamten Transportgüter aus, die im Winter zu den Märkten von Irbit, Tjumen und Nischni Nowgorod transportiert wurden. Tausende Schlitten, beladen mit Pelzwaren, Kuhbutter, Zedernnüssen, Leder, Honig, Salo und anderen Waren, machten sich von Sibirien aus auf den Weg. Von den Märkten aus gelangte die Zedernnuss dann in den europäischen Teil Russlands, von wo aus sie exportiert wurde.

Die Zedernnüsse waren eine wichtige wirtschaftliche Ressource Russlands. Noch Ende des 19. Jahrhunderts, als der Bau der Transsibirischen Eisenbahn begann, die sich vom Pazifischen Ozean bis zum Ural auf einer Länge von 7530 Werst[11] erstrecken würde, sollte planmäßig ein Siebtel der gesamten Transportwarenmenge auf Nusslieferungen entfallen - 100 000 Pud. Tatsächlich wurde in den Jahren 1899 bis 1908 auf diesem Weg fast die doppelte Menge an Nüssen transportiert, nämlich 189.000 Pud. Die größte Nussmenge wurde dabei von der Stadt Tomsk aus verladen: In neun Jahren (1899 bis 1907) wurden von hier insgesamt 590.000 Pud auf den Weg geschickt. In manchen Jahren wurden allein von dieser Station aus bis zu 100.000 Pud Nüsse pro Jahr ausgefahren. An den Stationen Saosjorny, Krasnojarsk und Atschinsk wurden etwas kleinere Nussmengen verladen, und parallel dazu wurde ein Großteil der Ware auf dem Seeweg transportiert.

11) Anm. d. Ü.: Längenmaßeinheit aus dem Russischen Reich. 1 Werst = 1.068,7 Meter (gerundet)

Aufgrund von verlässlichen Angaben kann angenommen werden, dass in den ersten zehn Jahren des 20. Jahrhunderts auf Land- und Seeweg - und unter Berücksichtigung des einheimischen Verbrauchs - pro Jahr durchschnittlich mindestens 20.000 Tonnen dieses erstaunlichen Produktes aus der Taiga transportiert und verbraucht wurden.

Auch die erste sowjetische Regierung maß der Ernte von Zedernnüssen einen hohen Stellenwert bei. Eine spezielle Verordnung des Rates für Arbeit und Verteidigung vom 3. August 1921 besagte: "Angesichts der besonderen Wichtigkeit von Zedernnüssen, neben anderen wildwachsenden, ölhaltigen Nüssen, ist der Ernte und der Verarbeitung von diesen höchste Priorität einzuräumen. In diesem Zusammenhang wird die Hauptverwaltung für die Verarbeitung von landwirtschaftlichen Erzeugnissen verpflichtet:

1. ... umgehend mit der Ernte und der Verarbeitung von Zedernnüssen zu beginnen.
2. ... umgehend die Gebiete mit den größten Zedernbeständen mit Ölmühlen auszustatten und die dafür notwendige Ausrüstung aus stillgelegten Betrieben zu verwenden."

Gemäß dieser Verordnung ***galten Zedernwälder als Bestände "von besonders großer Bedeutung"***. Das Holzfällen war in diesen Wäldern verboten. Einige ertragreiche und zugängliche große Zedernbestände befanden sich zu dieser Zeit auf dem Höhepunkt ihrer Ertragsbildung. Deshalb erlebte die Nussindustrie in den 20er und 30er Jahren des vergangenen Jahrhunderts, nach einem mit dem Bürgerkrieg in Verbindung stehenden Rückgang, einen erneuten Aufschwung. Vor allem die industrielle Verarbeitung von Zedernnüssen zu Öl nahm drastisch zu: In den Jahren 1926 bis 1931 wurden zwischen 720.000 und 750.000 Pud (12.000 Tonnen) Zedernnüsse geerntet. Für ihre Verarbeitung wurde die Ausrüstung aus stillgelegten Fabriken aus dem Gouvernement Saratow verwendet und neue Fabriken in Sibirien, darunter auch im Altai, wurden gebaut. Hier wurden bis zum Ende der 30er Jahre im Niedergebirge der hochproduktiven (dunklen) Taiga pro Jahr im Schnitt 3000 bis 5000 Tonnen Zedernnüsse geerntet, und die Ölmühlen der Städte Bijsk und Gorno-Altaisk stellten daraus 300 bis 600 Tonnen hochwertiges Öl her. Pro Monat verarbeiteten sie dafür 250 bis 300 Tonnen Nüsse.

Auch in den 1950er Jahren nahm das Interesse an der Nussindustrie nicht ab. Es waren ergiebige Jahre, 1957 betrug die Nussernte 12.500 Tonnen, 1958 ungefähr 15 000 Tonnen. Doch anfang der 60er Jahre begannen die Nusserträge zurückzugehen, zunächst nur langsam, später jedoch drastisch. Heute beträgt die Zerdernnussernte in manchen Jahren in ganz Russland nicht mehr als 1000 bis 2000 Tonnen. Im Altai-Gebirge werden in seltenen Jahren 100 bis 150 Tonnen Zedernnüsse geerntet, dies entspricht nur der Hälfte bis einem Drittel der Menge, die in den 30er Jahren des letzten Jahrhunderts von zwei Ölmühlen im Altai in nur einem Monat verarbeitet wurde. Auch die Qualität der Nüsse ist zurückgegangen. Früher brachten ergiebige Zedernwälder, die in optimalen Bedingungen des Nieder- und Mittelgebirges wuchsen, große, schwere, vollkörnige Nüsse hervor. Heute nimmt der Anteil an im Hochgebirge gesammelten Nüssen, die klein und leicht sind und einen unterentwickelten Kern haben, immer mehr zu.

Aufgrund des starken Rückgangs der Nusserträge wurde die Produktion von Zedernnussöl eingestellt. Der Geschmack dieses kostbaren Produktes bleibt lediglich in den Erinnerungen der sibirischen Alteingesessenen erhalten.

Der Abschwung in der Nussindustrie hat viele Ursachen: der natürliche Ernterückgang aufgrund des fortgeschrittenen Alters der Zedernbestände, die hohe Arbeitsintensität und die schlechte Organisation der Nussernte, die schwere Zugänglichkeit der Wälder, die niedrige Ertragsfähigkeit der erhalten gebliebenen Bestände und einige weitere. Die Hauptschuld am drastischen Rückgang der Zedernnusserträge aber trägt der Mensch.

Zeder, meine gefallene Heldin

Die Natur hat die Zeder großzügig mit verschiedenen Gaben beschenkt, eine davon ist ihr allerdings zum Verhängnis geworden. Die Rede ist von ihrem Holz, das bereits vor dem Einsetzen der Samenbildung beachtlich an Masse zulegt. Wenn die Zeder 160 bis 200 Jahre alt ist, beginnt die

Phase der vermehrten Fruchtentwicklung - welche 40 bis 60 Jahre lang auf ihrem Höhepunkt bleibt und in den folgenden 80 bis 100 Jahren noch immer hoch ist - und sie verfügt bereits über einen mächtigen, voluminösen Stamm. Eine einzelne Zeder besitzt so viel Holzvolumen wie mehrere Nadelbäume einer anderen Art zusammen. Es war dieser kleine Vorteil, der die Holzfäller anlockte.

Die industrielle Zedernfällung begann in der Zeit des Großen Vaterländischen Krieges. Das Zedernholz sollte den Teil der Holzressourcen ersetzen, die sich auf temporär besetzten Gebieten im europäischen Teil des Landes befanden. Die Fortsetzung der Zedernabholzung in den ersten Nachkriegsjahren war eine notgedrungene Regierungsmaßnahme in der Zeit des Wiederaufbaus der kriegszerstörten Wirtschaft. Doch die russischen Beamten waren träge und legten ein schablonenhaftes Denken an den Tag. Deshalb wurden neben anderen Nadelbäumen auch dann noch Zedern gefällt, als die Holzernte im Land bereits das Volumen aus der Vorkriegszeit überstieg. Obwohl Zedern fruchttragende Bäume sind und der Wert lebender Taiga-Zedern den Wert ihres Holzes um ein Vielfaches (!) übersteigt (die Abholzung also nicht rentabel war), wurden sie trotzdem weiterhin gefällt.

Der Abholzungsboom in den 60er bis 80er Jahren ließ das "grüne Meer" aus Zedernwäldern der Taiga rasant schrumpfen. Die große Verschwendung bei der Holzernte und der Weiterverarbeitung des Zedernholzes ist erschütternd. Mehr als die Hälfte der gefällten (nusstragenden!) Bäume haben den Verbraucher nicht erreicht. Sie wurden von den Raupen schwerer Traktoren niedergewalzt, auf abgeholzten Flächen liegen gelassen und gingen beim Holzschwemmen verloren. Eine derart unwirtschaftliche Ausbeutung hatte zur Folge, ***dass im ganzen Land über 600.000 Hektar an Zedernwäldern umsonst gefällt worden sind, welche zuvor in durchschnittlichen Jahren 20.000 Tonnen Nüsse hervorbrachten.*** Nur 1,5 Prozent des gefällten Zedernholzvolumens wurde für die Produktion eines speziellen Zedernsortiments - Bleistiftholz - verwendet. Der größte Teil der Holzmasse dieses einzigartigen Nussbaums wurde für Produkte verwendet, die man vollständig aus anderen Holzarten hätte herstellen können, wie z. B. für Bauholz, Schnittholz und Schwellenholz.

Das Schicksal von Russlands fruchttragendem Nationalbaum erschütterte viele Menschen: Spezialisten aus der Forstwirtschaft, Forstwissenschaftler, Bewohner von Siedlungen in der Taiga, Naturliebhaber und die Öffentlichkeit. Zum ersten Mal gab es im Land eine große Protestwelle, die Menschen erhoben ihre Stimme für den Schutz des Taigabaumes, für ein Ende der verschwenderischen Massenabholzungen der ertragreichen Zedernwälder und für eine rationale Nutzung der Reichtümer von lebenden Zedern.

Auf die Initiative von Studenten und Absolventen der Forsttechnischen Akademie Leningrad hin entstand unter Leitung des aus dem Altai stammenden Sibiriers Sergej Schipunow (welcher ein bekannter Ökologe Russlands werden sollte) und unter aktiver Teilnahme des Schriftstellers Wladimir Tschiwilichin im Jahr 1959 im Altai Russlands erster

Versuchsbetrieb für eine komplexe Nutzung der Reichtümer von Zedernwäldern der Taiga – mit dem poetisch klingenden Namen "Kedrograd"[12]. Diese schöne, von Wladimir Tschiwilichin geprägte Bezeichnung symbolisierte die Harmonie zwischen dem Menschen und der Zeder. Seine faszinierende dokumentarische Erzählung "Schumi, tajga, schumi ..."[13] versetzte einige Romantiker, darunter junge Spezialisten des Brjansker forstwissenschaftlichen Instituts, der Staatlichen Forsttechnischen Universität des Uralgebiets sowie junge Menschen aus verschiedenen Teilen der Sowjetunion, in Aufruhr und ließ sie in den Altai eilen.

Die edelmütige Idee einer komplexen Erschließung der Zedernbestände der Taiga brachte viele Zedernschützer zusammen, die sich für eine schonende Nutzung der Bestände im Altai-Gebirge einsetzten und auf die Prinzipien einer nachhaltigen Waldnutzung bauten. Um die Kedrograder zu unterstützen, wurden an der Staatlichen Universität Moskau, am Moskauer Staatlichen Luftfahrtinstitut, am Moskauer Energetischen Institut, in Leningrad, Charkow, Nowosibirsk und in vielen anderen Städten studentische Abteilungen und Arbeitsgruppen gegründet. Die der behördlichen Willkür bisher schutzlos ausgesetzte Altai-Zeder hat in kurzer Zeit unzählige Freunde und Helfer gewonnen und wurde zum Symbol im Kampf für eine rationale Nutzung der Natur. Das Arbeitsspektrum beinhaltete unter anderem die

12) Anm. d. Ü.: deutsch "Zedernstadt"

13) Anm. d. Ü.: deutsch "Rausche, Taiga, rausche ..."

Ernte von Zedernnüssen, die Gewinnung von Zedernharz, eine angemessen begrenzte Anzahl an Baumfällungen, die Verwertung eines Teils des Holzes, die Herstellung von Tannenöl, die Verarbeitung von Pelzen und Hirschgeweihen sowie das Sammeln von Heil- und Industriepflanzen und wilden Beeren.

Das motivierte und enthusiastische Team hat es trotz der komplizierten Beziehungen mit den übergeordneten Forstbehörden in nur wenigen Jahren, vollgepackt mit intensiver Forschung und harter Arbeit, geschafft, die ökonomische Effizienz einer komplexen Bewirtschaftung der Zedernwälder überzeugend unter Beweis zu stellen: In den Jahren 1963-1968 wurde Kedrograd zum einzigen gewinnbringenden Forstunternehmen in der Republik Altai. Nichtsdestotrotz wurde dem profitablen Taiga-Versuchsbetrieb ein tragisches Schicksal zuteil. Engstirnige wirtschaftliche Interessen von Waldarbeitern setzten dem fürsorglichen Verhältnis zur Taiga und ihren Zedern wieder ein Ende. Denn nach 1975 verwandelte sich Kedrograd endgültig in einen gewöhnlichen Forstbetrieb, in dem der zentrale Aspekt der Waldnutzung lediglich in der Zedernholzernte bestand. Nach den Worten des Schriftstellers Walentin Rasputin "bestimmten wieder einmal die Holzfäller den Lauf der Dinge".[14]

Ein Grund für die Tragödie Kedrograds war der, dass der Betrieb seiner Zeit voraus war. Er versuchte, den Menschen neue Produktionsmöglichkeiten und eine schonende

14) *Originalzitat aus: Rasputin, 1994, S. 178*

Nutzung der Natur aufzuzeigen, in einer Zeit, in der die Beziehungen der Verbraucher zur Natur von einem grausamen zentralisierten System geprägt wurden. Seine historische Bedeutung formulierte Wladimir Tschiwilichin wie folgt: "... dies war die erste positive Erfahrung in der internationalen Praxis der Naturnutzung, unser Forstbetrieb hat in der heutigen Zeit, in der die Menschheit auf der Suche nach dem optimalen Wechselspiel zwischen Mensch und Natur ist, einen zukunftsorientierten Weg eingeschlagen".[15]

Daneben hatten die Geschichte und die dramatische Wende von Kedrograd sehr lehrreiche Auswirkungen auf die Beteiligten. In Russland und über die Landesgrenzen hinweg bildete sich eine einzigartige, verlässliche Gemeinschaft von Kedrogradern. Nachdem sie auseinandergegangen waren, bewahrten die Menschen ihre Liebe und Loyalität zur Zeder sowie ihre Bereitschaft zur Realisierung der Kedrograd-Idee.

Bis 1997 kehrten die Kedrograder - ehemalige Studenten des Moskauer Staatlichen Luftfahrtinstituts, des Moskauer Energetischen Instituts und der Forsttechnischen Akademie Leningrad - mittlerweile schon mit ihren Kindern immer wieder im großen Team ins Altai-Gebirge zurück. Unter meiner wissenschaftlichen Führung schafften sie für zukünftige Generationen die Basis für das Wiederaufleben einer leistungsstarken Nussindustrie auf einer neuen Selektionsgrundlage. Zum ersten Mal wurde im Altai-Gebirge der Taiga ein wertvoller Genpool ertragreicher Zedern hervor-

15) Originalzitat aus: Parfenov, 2000, S. 100

gebracht. Jungwälder, bestehend aus Zedern und Laubbäumen, wurden mit Hilfe von Pflegehieben in siedlungsnahe Zedernreinbestände verwandelt. Auf der Grundlage selektierter Pflanzen wurden veredelte, sehr ergiebige Nussbaumplantagen geschaffen.

In der gesamten jahrhundertelangen Geschichte der Sibirischen Zeder wurden nun nach 30-jähriger systematischer Forschung von Wissenschaftlern und Züchtern (und in Zusammenarbeit mit Mitarbeitern des erfahrenen Telezker Forstbetriebs und des Tschoiski Forstbetriebs der Republik Altai) zum ersten Mal Klonsorten mit hoher Samenproduktivität hervorgebracht. Die Elite! Die Besten der Besten! Die Nutzung dieser Klone ermöglicht es, Zedernnüsse auf Sortenbasis zu kultivieren. Auch das ist ein Verdienst der Kedrograder.

Die unerlaubte Vergeudung nationaler Reichtümer zog sich bis ins Jahr 1990, als unter dem Druck von Wissenschaftlern, Forstarbeitern und der breiten Öffentlichkeit das Fällen von Zedern durch einen Beschluss des Obersten Sowjet der UdSSR verboten worden war. So endete der 20 Jahre lange Kampf der Zedernschützer gegen die Behörden mit einem Erfolg. Doch für diesen Sieg hat die Zedern-Taiga einen hohen Preis bezahlt. Die Zerstörung der am besten zugänglichen und ergiebigsten Zedernbestände hat die Zedernnusserträge drastisch reduziert und dem Genpool dieser Art einen irreparablen Schaden zugefügt.

Besonders großen Schaden hat die Sibirische Zeder in ihrer Heimat, dem Altai, genommen. Während der Eiszeit war das Altai-Gebirge für sie einer der letzten Zufluchtsorte auf der Erde, hier ist sie verschont geblieben und von hier aus hat sie sich in Sibirien ausgebreitet. Hier liegt das genetische Zentrum dieser Art, weshalb die Zedernwälder des Altai von ganz besonderem wissenschaftlichem und wirtschaftlichem Wert für die zivilisierte Menschheit sind. Über viele Jahrhunderte hinweg sind hier im Zuge der Evolution, im Hinblick auf Nussertrag, Harzproduktivität und Holzvolumen, einzigartige Genotypen entstanden. Die dunkle Altai-Taiga und das Mittelgebirge bilden das Richtmaß für die Nussproduktivität aller Zedernwälder der sibirischen Taiga. Genau hier sind die Bedingungen für die Vegetation dieser Art optimal, hier hat die Natur das auf dem ganzen Planeten größte genotypische Potenzial der Sibirischen Zeder geschaffen. Doch darauf haben die Holzfäller keine Rücksicht genommen. Mehr als 70 Prozent des unschätzbar kostbaren Genpools dieser Art sind zerstört worden.

Die verheerende Abholzungsstrategie, die sich für die komplexe und dauerhafte Nutzung der Reichtümer der Zedern-Taiga und die Wahrung ihrer klimaregulierenden Funktion in der Region nicht interessierte, beeinträchtigte das einzigartige Ökosystem im Altai-Gebirge und fügte der jetzigen und den zukünftigen Generationen enormen wirtschaftlichen und ökologischen Schaden zu. Die Zerstörung einer riesigen Waldfläche führte zu der Versandung von Flüssen und veränderte die Windverhältnisse sowie das Klima im Altai. In den letzten Jahren nahm die Niederschlagsmenge im Sommer drastisch zu. Durch das Abholzen von Baumbeständen in Gebirgspässen entstanden starke Wirbelwinde, die die auf großen Flächen zurückgebliebenen Waldränder und Mindereinschläge sowie die durch Plenterschlag zerrütten Baumbestände zum Umstürzen brachten und damit die negativen Auswirkungen auf den natürlichen Verlauf von atmosphärischen Prozessen noch verstärkten.

Man sollte annehmen, dass die bittere Lektion der behördlichen Ignoranz im Umgang mit Ressourcen als Warnung vor erneuten zerstörerischen Forststrategien in den russischen Zedernwäldern dienen sollte. Aber nein! Auch in unsere Zeit haben sich keine Zedernholzfreunde verirrt. Obwohl Haupteinschläge verboten sind, werden sie in einem Großteil der Zederngebiete trotzdem durchgeführt. Sie werden als Zwischenhiebe ausgegeben und erhalten Namen wie "Pflegehieb zur Förderung der Fruchtbildung" oder "Fällungen für Erneuerung und Umgestaltung". Die Entstehung solcher neuer Hiebsarten ist ein Beispiel für die wissenschaftliche Gewissenlosigkeit, die praktiziert wird, um die Gier der Holzfäller zu befriedigen. Sie werden dem Alter, der Struktur der Zedernwälder, den Walderneuerungsprozessen, den forstwirtschaftlichen Anforderungen und der Natur im Allgemeinen nicht gerecht.

Zwischenhiebe sind im klassischen Verständnis dazu da, auf einer Waldfläche zusätzliche Holzmasse zu gewinnen, indem ein Teil der heranreifenden Bäume in der Zeit vor dem Haupteinschlag entfernt wird. Tatsächlich werden aber Kahlschläge ausgewachsener Zedernbestände vorgenommen. Dabei wird zwar reifes Holz geerntet, jedoch auf eine Weise, die weder eine Steigerung der Ertragsfähigkeit, noch die Regeneration dieser Nussbaumart gewährleistet.

Aufgrund der wilden Marktbedingungen und der uneingeschränkten Macht der russischen Föderationssubjekte über die noch vorhandenen wertvollen Zedernwaldmassive, ist die Zeder erneut vom Aussterben bedroht.

Die Geschichte zeigt, dass in der zweiten Hälfte des industriellen 20. Jahrhunderts das Schicksal der Zeder, die von der Natur und dem Verstand der vorangegangenen Generation gerettet worden war, von Menschen bestimmt wurde, die häufig nicht die besten Charaktereigenschaften besaßen. Ihnen fehlte es an staatlicher Weisheit, Kompetenz und Sorgfalt. Aufgrund der verschwenderischen Abholzungsstrategie erlitt die nusstragende Baumart großen Schaden. Bei der heutigen Form der Wirtschaftsführung, der Kommerzialisierung des Holzeinschlags und der fehlenden Kontrolle seitens der Behörden kann von einer rationalen Nutzung der Taiga-Zedernwälder nicht einmal die Rede sein. Für ihren eigenen Vorteil sind die Unternehmer bereit, auch das letzte wertvolle Zedernmassiv abzuholzen.

Die Gesetze sind nutzlos und die Behörden sind untätig, machtlos oder beschützen die Holzdiebe. Im neuen russischen Forstgesetzbuch ist das Verbot der Zedernabholzung nicht mehr enthalten. ***Dieser einzigartige Baum – ein Symbol für die Macht der sibirischen Taiga und den russischen Nationalstolz – steht nicht mehr unter staatlichem Schutz. In Russland fehlt eine klare Politik, ein Gesetzgebungssystem, das Maßnahmen für eine rationale und komplexe Nutzung***

der Zedernbestände der Taiga sowie für deren Regeneration ergreift.

Die Taiga und ihre Zedernbäume sind wie ein riesiger Nussgarten, in dem die Bewirtschaftung so funktionieren muss, dass die besten und ertragreichen Wälder und Bäume erhalten bleiben und die weniger ertragreichen und schwachen entfernt werden. Die Holzernte muss unter Einsatz moderner, ressourcen- und umweltschützender Technologien erfolgen, die eine natürliche Regeneration der Zeder ermöglichen. Aus diesem Grund müssen die föderalen und regionalen Behörden der russischen Forstwirtschaft, die für die Zedernwälder zuständig sind, die sogenannten "Fällungen für Erneuerung und Umgestaltung" in ertragreichen Zedernwäldern unverzüglich verbieten. Denn in Wahrheit handelt es sich bei diesen, wie bereits erwähnt, um großflächige Haupteinschläge, die im Jahr 1990 gesetzlich verboten wurden. Zedernholz kann geerntet werden bei der Pflegedurchforstung weniger ertragreicher reifer und alter Bestände mit guter Regenerationsfähigkeit oder auf Sturmholzflächen, die sich aufgrund der unsystematischen Holzeinschläge in den Bergen und auch aufgrund der klassischen Pflegehiebe jährlich vermehren.

Die wichtigste Maßnahme für eine rationale Nutzung der Zedernwälder ist die, der Nussindustrie zu ihrer einstigen Größe zurückzuverhelfen.

Der Wiederaufbau der Nussindustrie

In Russland ist der Bedarf an Zedernnüssen sehr hoch, doch bei der heutigen Erntemenge an Nüssen kann er nicht vollständig gedeckt werden. Nur unregelmäßig gibt es Massenernten von Zedernnüssen in Jahren mit hohen oder sehr hohen Erträgen. In mittelmäßigen Erntejahren, was die Hälfte aller Fälle ausmacht, werden heutzutage kaum industrielle Ernten durchgeführt.

Um die Nussindustrie wiederaufzubauen, muss eine zuverlässige und solide Basis für die Nussernte geschaffen werden, die eine regelmäßige und rentable Zedernnussproduktion und die Herstellung von Zedernnussöl ermöglicht. Die Grundlage hierfür sollen die erhalten gebliebenen Zedernbestände, die auf Selektion basierenden neuen und siedlungsnahen Zedernwälder sowie die veredelten, industriellen Zedernplantagen, die Zederngärten, bilden. Die noch vorhandenen Zedernwälder werden der Nussindustrie in den kommenden Jahrzehnten dienen, die neuen Bestände und Zedernplantagen garantieren ihr Fortbestehen in der Zukunft. Neue ertragreiche Pflanzungen müssen nicht nur aufgrund des Mangels an natürlichen Zedernwäldern mit hoher Nussproduktivität, welche im vergangenen Jahrhundert vernichtet worden sind, angelegt werden. Es besteht außerdem die Gefahr einer biologisch bedingten Ertragsminderung der älter werdenden Zedernmassive in den nächsten 40 Jahren. Schließlich haben die meisten von ihnen den Höhepunkt ihrer Fruchtbarkeit überschritten.

Die Nussindustrie ist in reichen Erntejahren und bei gut organisierter Arbeit mit der nötigen materiellen und technischen Ausstattung der am wenigsten aufwändige und rentabelste Bereich der gesamten Zedernindustrie. In der heutigen ausgebeuteten und schwer zugänglichen Zedern-Taiga – die Folge langjähriger exzessiver Holzeinschläge – ist die Ertragssteigerung in mittelmäßigen Jahren vor allem von der Verbesserung der technischen Ausrüstung und einer gut organisierten Nussernte abhängig. So können die Nussindustrie stabilisiert und große Gewinne gemacht werden. Da auf dem Markt nicht besonders viele Nüsse erhältlich sind, es keine Konkurrenz gibt und die Nachfrage hoch ist, steigt der Preis für die Zedernnuss und übertrifft die Kosten ihrer Produktion deutlich.

Da die Zedernbestände in Bezug auf Ertragsleistung eine große genotypische Heterogenität aufweisen, ihre natürlichen Wachstumsbedingungen sehr vielfältig sind und in den Bergen verschiedene mikroklimatische Zonen existieren, entwickeln sich jedes Jahr mindestens in einigen Teilen des Verbreitungsgebietes Zedernnüsse. Auf den weiten Flächen Sibiriens treten ertragslose Jahre nur selten auf. Wenn der wirtschaftliche Ertrag in Jahren mit durchschnittlicher Samenproduktion mehr als 25 Kilogramm beträgt (der biologische Ertrag ist doppelt so hoch), können die Nüsse industriell geerntet werden. In Zedernwäldern, die unter optimalen

Bedingungen wachsen, kann in zehn Jahren sieben bis acht Mal industriell geerntet werden.

Die Arbeit in der Nussindustrie ist körperlich anstrengend und langwierig, da sie unter schweren Wetterbedingungen im sibirischen Herbst ausgeführt wird. Für die Verarbeitung der Zapfen und das Schälen der Nüsse gibt es nur eine primitive Ausrüstung. Aus diesem Grund und auch aufgrund der eingeschränkten Zugänglichkeit der Zedernwälder, verdirbt ein Großteil der in der Taiga gereiften Samen. Doch mit Hilfe einer gut geplanten Strategie für die Nussindustrie kann ein größerer Teil der Erträge genutzt werden, und mit einer modernen Ausrüstung können die Nusssammler produktiver arbeiten.

Um die Nussernte effizienter zu gestalten, ist es zudem notwendig, in den besten Zedernwaldmassiven Flächen und Bestände auszuwählen, die unterschiedliche Erntedynamiken aufweisen. In diesen müssen die Nussmenge und die Reihenfolge der Erntezeiten bestimmt werden, um auf dieser Grundlage ein Netz aus gut ausgestatteten und leicht zugänglichen Standorten für die Nussproduktion zu schaffen. Auf diesen Flächen sollten Unterkünfte sowie Lagerräume und Hallen errichtet und Straßen gebaut werden, die mit dem Hauptstandort verbunden sind. Entsprechend der Arbeitskapazität für die Nussernte werden neue Flächen für die Nussindustrie ausgewählt. Für das gesamte Territorium sollte zusätzlich ein zuverlässiger Erntevorhersagedienst vorhanden sein.

Die Mechanisierung der Zedernnussproduktion zählt zu den wichtigsten Aufgaben. Die Frage der Mechanisierung der Zapfenverarbeitung, der aufwändigste Teil der Arbeit, ist im Prinzip schon gelöst. Sie erfolgt unter Verwendung beweglicher oder stationärer Vorrichtungen, die wie Kettensägen mit Benzinantrieb funktionieren. Schwieriger wird es mit dem Abschütteln der Zapfen von den Bäumen. In flachen Gebieten, in den nicht so hoch gelegenen siedlungsnahen Zedernwäldern, wird hierfür eine Hydro-Vibrationsanlage, die wie eine Fäll-Paketier-Maschine funktioniert und den Namen "Kedrowka-KT" trägt, eingesetzt. Mit Hilfe einiger besonderer Anpassungen umfasst sie den Stamm der Zeder auf einer Höhe von 5 bis 7 Metern. Durch die Vibration werden innerhalb von 20 bis 40 Sekunden alle Zapfen abgeschüttelt. Die Arbeitsproduktivität ist unter Einsatz dieser Maschine 10 bis 20 Mal höher.[16]

Um Zapfen von Bäumen mit hohen und breiten Stämmen, die sich in höheren Lagen befinden, abzuschütteln, existiert bis heute keine zuverlässige Methode. Die Kedrograder haben im Altai-Gebirge schon früher an der Entwicklung aussichtsreicher Modelle zum Abschütteln der Zapfen gearbeitet, die mit Pulverladung funktionieren. Diese Techniken befanden sich allerdings noch in der Versuchsphase, als es mit dem Betrieb bergab ging, und die Arbeit kam zum Erliegen. Aus diesen Gründen kann in durchschnittlichen Erntejahren ein großer Teil der Zapfen nicht erreicht werden oder aber die Ernte ist mit einem sehr hohen Risiko für das Leben der Kletterer verbunden. Die turmhohen Zedern zu

16) Volobuev, 1969

erklimmen und ihre Zapfen abzustreifen, ist nicht jedermanns Sache. Die Stabilisierung und der Wiederaufbau der Nussindustrie ist daher in den Zedernwäldern der bergigen Taiga ein weitaus schwierigeres Unterfangen als im sibirischen Flachland.

Abgesehen von der Erschließung der natürlichen Zedernwälder muss dringend daran gedacht werden, dass auch die zukünftigen Generationen noch die Möglichkeit haben sollten, Zedernnüsse zu ernten. Hierfür müssen ertragreiche Zederngärten angelegt werden. Die Kultivierung solcher Gärten kann auf zwei Arten erfolgen: entweder mit Hilfe von Pflegehieben in Jungwäldern, die rein aus Zedern oder aus Zedern und Laubbäumen bestehen, oder durch die Aufzucht von veredelten Zedern in industriellen Nussplantagen. In beiden Fällen spielt die Selektion die entscheidende Rolle, denn durch sie können in der Natur Exemplare mit außergewöhnlichen Eigenschaften ausfindig gemacht und für die Schaffung von ertragreichen und regelmäßig fruchtenden Zederngärten verwendet werden.

Einige Bewohner von Taigadörfern haben die erste Möglichkeit gewählt und durch Zuchtauslese siedlungsnahe Zedernwälder kultiviert. Durch die Auflichtung der Wälder können vielversprechende Bäume einen höheren Ernteertag hervorbringen. Dabei sollte auf das Alter der Zedern zum Zeitpunkt der Bestandslockerung geachtet werden, denn eine Auflichtung ist am effektivsten, wenn die Bäume noch jung sind (bis zu 30 bis 40 Jahre alt). Auf diese Weise können sie eine abfallende, gut ausgebildete Krone mit einem großflächigen samentragenden Teil ausbilden. Eine frühe Auflichtung hat zur Folge, dass die Zeder die Samenbildung deutlich früher einleitet, früher ihre höchste Samenproduktivität erreicht und ihre potenziellen biologischen Möglichkeiten besser ausschöpft. In frühzeitig durchforsteten Jungwäldern beginnt die Zeder, im Vergleich zu den dichten Wäldern der Taiga, 30 bis 40 Jahre früher, Samen zu tragen. Bereits 15 bis 20 Jahre nach der Auflichtung, wenn die Zedern 50 bis 60 Jahre alt sind, können industrielle Ernten eingefahren werden. Die jungen, aufgelichteten und siedlungsnahen Zedernwälder erreichen die durchschnittlichen Erntemengen von reifen, 201 bis 280 Jahre alten Taigabeständen (160 bis 270 Kilogramm pro Hektar). Wenn sie 100 Jahre alt sind, übertreffen sie diese Mengen sogar noch um einiges (300 bis 500 Kilogramm pro Hektar).[17] Ein noch größerer Effekt kann erzielt werden, wenn die siedlungsnahen Zedernwälder in ihrem ökologischen Optimum angelegt werden und auf selektierten ertragreichen Bäumen basieren. Eine frühzeitige Auflichtung bei ertragreichen Bäumen und Bäumen mit erhöhter Samenproduktivität im (dunklen) Gürtel des Niedergebirges im nordöstlichen Altai ermöglicht es, ihre Samenproduktivität bis zum Zeitpunkt, wenn sie 60 bis 70 Jahre alt sind, durchschnittlich um das 1,6-fache, in ertragreichen Jahren um das 2,2-fache zu steigern.

Vor allem bei Fremdbestäubung bildet die Sibirische Zeder hochwertige Samen in den Zapfen. Für eine lohnende

---

17) Polikarpov, 1985

Ernte ist es deshalb wichtig, in den gartenähnlichen Zedernwäldern neben ertragreichen weiblichen Baumtypen auch eine kleine Anzahl an Bäumen mit hoher Pollenproduktivität (männliche Exemplare) zu behalten. In Beständen aus rein ertragreichen Zedern kommt es vor, dass, aufgrund der fehlenden Interaktion zwischen verschieden-geschlechtlichen Elternpflanzen, in den Zapfen einige leere Samen wachsen und die Erträge geringer ausfallen. Hierin besteht der größte Nachteil der gezüchteten siedlungsnahen Zedernwälder.

Wenn Jungwälder durch Pflegehiebe in Zederngärten umgewandelt werden, spielt die Intensität der Hiebe eine wichtige Rolle. Auf Veränderungen der Lichtintensität reagiert die Zeder relativ flexibel. Langjährige Erfahrungen haben gezeigt, dass es die Zeder gut verträgt, wenn 50 bis 60 Prozent der Schatten werfenden Laubbäume gefällt werden, und dass sie sogar mit einer Auflichtung von 70 bis 80 Prozent, also einer vollkommenen Schattenbefreiung, gut zurechtkommt. In jungen Mischwäldern aus Zedern und Laubbäumen kann demnach eine einmalige intensive Auflichtung sinnvoll und effektiv sein. Diese sollte so früh wie möglich durchgeführt werden, da sich die kaum beschatteten Bäume dann an die hohe Lichtintensität gewöhnen, ohne dass sich das Wachstum verlangsamt oder sich ihr Zustand verschlechtert. Mit den veränderten Umständen kommen die Zedern deutlich schlechter zurecht, wenn sie zum Zeitpunkt der Auflichtung schon 20 oder 30 Jahre alt sind. Es dauert dann ungefähr drei Jahre, bis sie sich an die neue Lichtintensität gewöhnen, da sie unter einem dichten Schirm aus Laub- und vor allem Nadelbäumen aufgewachsen sind.

In Anbetracht dieser biologischen Besonderheiten der Zedern, die sich auf die Größe der Ernte auswirken, sollten neue, siedlungsnahe Zedernwälder geschaffen werden. Gegenüber den Taiga-Wäldern haben sie viele Vorteile: Sie sind weitaus ertragreicher, leicht zugänglich, die Arbeit in ihnen ist produktiver, die Mehrheit aller Erntevorgänge verläuft mechanisch und bei guter Organisation herrscht kein Mangel an Arbeitskräften. All das ermöglicht es, in diesen Wäldern fast den gesamten wirtschaftlichen Ertrag ohne besondere Verluste zu sammeln. Doch insgesamt nehmen diese Bestände in ganz Russland nicht mehr als 50.000 Hektar ein, folglich machen die hier geernteten Nüsse von der gesamten Erntemenge Russlands keinen großen Anteil aus.

Die neuen Zedernwaldgärten werden dabei helfen, eine zuverlässige Grundlage für die Nussernte zu schaffen. Die Voraussetzungen für die Schaffung neuer Gärten sind vorhanden. Die Erschließung der Zedernwaldmassive in Sibirien begann in der Nähe von Siedlungen, die von Waldarbeitern errichtet worden sind. Heute, ein halbes Jahrhundert nach den Plenter- und Kahlschlägen, haben Laubbäume wie Birke, Espe, Linde und Weide den Platz der Zeder eingenommen. Doch unter ihrem dichten Laubschirm erheben sich einige junge Zedern. Da sie schattenverträglich sind, halten sie die bestehenden Lichtverhältnisse geduldig aus, wachsen langsam und fruchten nicht. Wenn die Laubbäume rechtzeitig entfernt werden, können die Zedern zu neuen Kräften kommen und eine industrielle Nussernte wird in zugänglichen, mit Straßen erschlossenen Wäldern 30 bis 40 Jahre früher möglich sein. Dies wiederum wird die Nussindustrie um einiges schneller vorantreiben. Die Jungwälder aus Zedern und Laubbäumen, aus denen siedlungsnahe Zedernwälder geschaffen werden können, nehmen in Sibirien eine Fläche von einigen Millionen Hektar ein.[18]

Mit spezialisierten, auf genetischer Selektion basierenden und veredelten Nussbaumplantagen kann ein deutlich größerer Ernteertrag (1,5- bis 2-mal so viel) erzielt werden. Im Unterschied zu den siedlungsnahen Zedernwäldern, in denen nur eine begrenzte Anzahl an perspektivreichen Bäumen aus einem Bestand vorhanden ist, wird bei den Plantagen auf eine breite Palette an herausragenden Exemplaren, die sogenannten Plusbäume, zurückgegriffen, die aus heterogenen Beständen ausgewählt wurden. Werden diese durch vegetative Vermehrung (Klonung) auf einer bestimmten Fläche konzentriert, können bereits von 20 bis 25 Jahre alten veredelten Pflanzen industriell Nüsse geerntet werden (500 bis 600 Kilogramm pro Hektar), also 30 bis 40 Jahre früher als in den siedlungsnahen Zedernwäldern.

Dies wird unter anderem dadurch gewährleistet, dass die sehr hohe Samenproduktivität der Mutterbäume an die

18) Polikarpov, 1985

vegetative Nachkommenschaft weitervererbt wird und die Pflanzen weitläufig angeordnet sind (in einem Abstand von 6 x 6 oder 8 x 8 Metern). Die wichtigste Rolle spielt aber die höchst effektive Bestäubung der ertragreichen Klone. Da diese eine niedrige Pollenproduktivität aufweisen, müssen sie für eine maximale Ertragsleistung von Exemplaren mit einer hohen Pollenproduktivität fremdbestäubt werden. Die Erntemenge auf Plantagen ist also von der Zusammensetzung der Klonbestände abhängig. Innerhalb des Verbreitungsgebiets dieser Art hängt die Größe des Ertrags von der Anzahl natürlicher Bestäuber - reife Zedern, die in einer für den Pollenflug nicht zu großen Entfernung wachsen - ab.

Ertragreiche Klone, die vegetativen Nachkommen von Plusbäumen mit hoher Samenproduktivität, bilden die Basis für die Nussbaumplantagen. Ihre Anzahl bestimmt die Größe der angelegten Zederngärten in einer Region oder einem Betrieb. Von einem erwachsenen 160 bis 200 Jahre alten Baum können einmal alle drei Jahre 50 bis 60 Triebstücke (Edelreiser) abgeschnitten werden, ohne dass die Gesundheit oder die Vitalität des Baumes darunter leiden. Auf einem Hektar Land, auf dem die Bäume in einem Abstand von 6 x 6 Metern stehen, finden 289 veredelte Zedern Platz. Um einen Bestand dieser Größe zu schaffen, sind Edelreiser von nur fünf Bäumen ausreichend.

Der größte Genpool von Plusbäumen der Sibirischen Zeder mit hoher Samenproduktivität wurde in den Zedernwäldern der Taiga in der Republik Altai entdeckt.

Wissenschaftler und Züchter haben während einer 25-jährigen fachlichen Zusammenarbeit 242 Exemplare, wertvolle Schöpfungen von Mutter Natur, verschiedener Höhenlagen des nordöstlichen Altai ausfindig gemacht. Diese sind zertifiziert und ins Staatliche Register eingetragen worden. Diese Anzahl an Plusbäumen reicht aus, um veredelte Zederngärten auf einer Fläche von 45 Hektar anzulegen. Wenn man die einzuhaltenden Zeitabstände einberechnet, die es braucht, bis erneut Edelreiser von derselben Zeder geerntet werden können, und die zuvor für diesen Zweck geschaffenen 20-jährigen Veredelungen der ertragreichen Pflanzen berücksichtigt, können jährlich 16 bis 18 Hektar neue Nussplantagen gepflanzt werden.

Bereits nach zehn Jahren wird man auf der gesamten Fläche (160 bis 180 Hektar) sechs bis acht Tonnen Nüsse ernten können. Wenn die Veredelungen 20 Jahre alt sind, werden sie Ernten von mindestens 20 Tonnen hervorbringen. Dies übersteigt den heutigen Ertrag im Altai in manchen Jahren um ein Vielfaches. Alle sieben bis zehn Jahre wird sich der Ertrag verdoppeln. Die Nutzung von allen ertragreichen Plusbäumen der Sibirischen Zeder allein aus dem Altai-Gebirge wird dazu führen, dass in 20 Jahren in den von Menschenhand geschaffenen Zederngärten 60 bis 70 Tonnen Nüsse geerntet werden können; zur Mitte des Jahrhunderts bereits zwei- bis dreimal so viel.

Mit Hilfe der wertvollen genetischen Ressourcen in verschiedenen Regionen Sibiriens können veredelte Plantagen und selektierte siedlungsnahe Zedernwälder angelegt werden. Dadurch stehen die Chancen gut, bereits in 30 bis 40 Jahren die Nusserträge deutlich zu steigern, die Kosten der Nussproduktion zu senken und mit der Herstellung von Zedernnussöl im Land zu beginnen.

Nützliches Wissen über die Zeder

Die Samenproduktion der Zedernwälder

Unter optimalen Wachstumsbedingungen beginnt die Sibirische Zeder, wenn sie frei steht oder sich in lichten Kulturen befindet, im Alter von 10 bis 20 Jahren Früchte zu tragen. Wächst sie dagegen in einem dichten Bestand, setzt die Samenbildung im Alter von 40 bis 50 Jahren ein. In den eng bewachsenen Wäldern der Taiga tritt die Geschlechtsreife der Bäume erst im Alter von 50 bis 70 Jahren ein, in den nördlichen Hochgebirgsregionen im Alter von 100 Jahren. Befindet sich die Zeder dauerhaft unter dem Schirm von Laubbäumen, beginnt die Samenproduktion erst dann, wenn sie das Laubdach durchbricht und darüber hinaus wächst, was etwa im Alter von 100 bis 150 Jahren der Fall ist. Im Durchschnitt produzieren die Bäume 200 bis 300 Jahre lang Samen, einzelne Exemplare können jedoch auch bis ins hohe Alter von 500 bis 600 Jahren Samen bilden.[19]

Die ersten Zapfen entstehen ganz oben am Baumwipfel, später entwickeln sie sich an den Trieben der tiefer liegenden Astquirle im oberen und mittleren Bereich der Baumkrone. Hier, im weiblichen und gemischtgeschlechtlichen Teil der Krone, befinden sich die meisten Samen. Die männlichen Staubbeutel werden im gemischtgeschlechtlichen und vor allem im darunter liegenden männlichen Teil der Baumkrone gebildet und entwickeln sich einige Jahre später als die weiblichen Zapfen. In der Phase einer beständigen gemischten Blüte wird je nach Grad der Dominanz der männlichen über die weiblichen Triebe das Geschlecht des Baumes bestimmt. Zurückzuführen ist die geschlechtliche Differenzierung nicht nur auf altersbedingte Veränderungen und ökologische Faktoren, sondern auch auf genetische Besonderheiten.

Mit zunehmendem Alter verändert sich die Samenproduktivität der Sibirischen Zeder. Nach dem Einsetzen der Samenbildung wachsen die Erträge bis zum Höhepunkt der Samenproduktivität schnell an. Ist der Höhepunkt erreicht, bleiben die Erträge 40 bis 60 Jahre lang sehr hoch, in den folgenden 80 bis 100 Jahren nimmt die Samenmenge zunächst langsam ab, gegen Ende des Zedernbaumlebens dann immer schneller. Der Zeitpunkt, an dem die höchste Nussproduktivität beginnt, und die Dauer dieser Phase sind von

19) Nekrasova, 1972; Irošnikov, 1985

der geographischen Lage bzw. von den Wachstumsbedingungen und individuellen Besonderheiten der Bäume anhängig. In Zedernwäldern des westlichen Teils von Transbaikalien setzt der Höhepunkt der Samenproduktion früher ein (im Alter von 160 bis 200 Jahren) und die Phase der maximalen Nussproduktivität ist kürzer (bis zum Alter von 240 Jahren).[20] In Beständen des nordwestlichen Teils des Ostsajan und der dunklen Taiga des nordöstlichen Altai tritt der Höhepunkt der Nussbildung später ein (im Alter von 180 bis 220 bzw. 220 bis 280 Jahren) und die maximale Nussproduktivität ist von längerer Dauer (bis zum Alter von 300 bis 350 bzw. 340 bis 360 Jahren).[21] In siedlungsnahen, hauptsächlich spärlich bewachsenen Zedernwäldern bringen die Bäume maximale Erträge hervor, wenn sie zwischen 80 und 180 Jahren alt sind, in dichten Beständen mit relativ gleichaltrigen Bäumen hingegen erst im Alter von 130 bis 220 Jahren.[22]

Die Nussproduktivität der Zedernbestände nimmt vom Bereich des ökologischen Optimums aus in Richtung Norden des Verbreitungsgebietes und zur oberen Wachstumsgrenze in den Bergen allmählich ab. Im Niedergebirge und im südlichen Flachland der Taiga können in 20 Jahren 14 Ernten (durchschnittliche oder große) eingefahren werden, die Menge schwankt zwischen 120 und 200 Kilogramm pro

---

20) Koževnikov, 1963
21) Kalâev et al., 1961; Irošnikov, 1963
22) Irošnikov, 1985

Hektar. Im Mittelgebirge (800 bis 1300 Meter über dem Meeresspiegel) und im südlichen Teil der mittleren Taiga gibt es in der gleichen Zeitspanne 11 Ernten mit 90 bis 150 Kilogramm pro Hektar, im Hochgebirge und im nördlichen Grenzbereich des Verbreitungsgebietes sind es nur 5 (30 bis 50 Kilogramm pro Hektar). In längsläufiger Richtung konnten bei einem Vergleich von Zedernwäldern keine besonderen Unterschiede in Bezug auf die Samenproduktivität festgestellt werden.[23]

Auch innerhalb einer Waldzone schwankt die Ertragsfähigkeit der Zedernwälder stark. Manche Bestände produzieren auf einer Fläche von einem Hektar drei bis sechs Mal so viel wie andere Bestände. Diese Unterschiede lassen sich auf die Wachstumsbedingungen und die Struktur der Baumbestände - Waldart, Baumdichte, Zusammensetzung, Alter, Besonderheiten in der Entwicklung der Bäume sowie in der Art der Bestandsbildung und genotypische Struktur der Population - zurückführen. ***Bei künstlich angelegten ertragreichen Pflanzungen beträgt die durchschnittliche Menge des biologischen Ertrags, der von der Gesamtzahl der weiblichen Zapfen bestimmt wird, 150 bis 300 Kilogramm pro Hektar, in produktiveren Jahren 250 bis 600 Kilogramm.***[24] Eine industrielle Ernte in Wäldern der Taiga fällt unter Berücksichtigung verschiedener Verluste 50 bis 60 Prozent geringer aus. Unter optimalen Wachstumsbedin-

---

23) Irošnikov, 1985
24) Krylov et al., 1983

gungen beträgt sie in guten Erntejahren 100 bis 140 Kilogramm pro Hektar, doch im Durchschnitt liegt die Ernte in den meisten Regionen bei maximal 50 bis 60 Kilogramm.[25] In der südlichen Taiga im Westsibirischen Tiefland, im Gebirgsvorland und im Niedergebirge des Altai und Sajan sowie im Bergwaldgürtel Transbaikaliens ist die Fruchtentwicklung der Sibirischen Zeder besser und vergleichsweise regelmäßig.

Üblicherweise fallen die Ernten in jedem Jahr unterschiedlich aus, ertragreiche, mittelmäßige und wenig ertragreiche Jahre wechseln sich ab. In Bezug auf die reproduktiven Tätigkeiten lässt sich keine genaue Regelmäßigkeit feststellen, ökologisch-geographische Faktoren haben aber bedeutende Auswirkungen auf diesen Prozess. Eine andere Besonderheit der Samenproduktivität liegt darin, dass die Ertragsleistungen der verschiedenen Zedernwälder auf einem großen Teil des Verbreitungsgebietes in einem Jahr sehr ähnlich sind. In manchen Jahren bleibt die Ernte auf dem gesamten Territorium vollständig aus. Das hängt damit zusammen, dass atmosphärische Erscheinungen und die Sonnenaktivität die reproduktiven Tätigkeiten beeinflussen.[26] Gleichzeitig sind aber in einzelnen Gebieten innerhalb der Breitenzone oder Höhenstufe Abweichungen von dieser allgemeinen Gesetzmäßigkeit bei der Samenbildung festzustellen. Das heißt, dank der Vielfalt an Umwelt-, Boden- und Klimabedingungen

25) *Krylov et al., 1983; Ironiškow, 1985*

26) *Nekrasova, 1961; Irošnikov, 1985*

auf dem natürlichen Areal der Sibirischen Zeder werden in jedem Jahr zumindest auf irgendeinem Teil des Verbreitungsgebiets Zedernnüsse produziert.

Die Art der Ernteentwicklung hängt weitgehend von der genotypischen Struktur der Population ab, d. h. von individuellen Besonderheiten einzelner Bäume in den Beständen. Je größer die Heterogenität im Merkmal der Samenproduktivität, desto häufiger tragen diese Bestände Nüsse. Je höher das genotypische Potenzial dieser Art, desto wahrscheinlicher befinden sich Genotypen mit herausragender Ertragsfähigkeit unter ihnen. Diese Exemplare bilden die Grundlage für die Schaffung von hochproduktiven Nussbaumplantagen und -pflanzungen.

Die Aufzucht von Zedern

Auslese und Behandlung der Samen

Das Leben einer Zeder beginnt als Same, als Zedernnuss. Am besten sammelt man sie im Gebiet ihres ökologischen Optimums, also dort, wo der beste Genpool vorzufinden ist, das heißt in ertragreichen Zedernwäldern. Das ökologische Optimum der Sibirischen Zeder befindet sich im Nieder- und Mittelgebirge des Altai und Sajan und in der südlichen Taiga-Subzone. Hier entwickeln sich hochwertige Samen, aus denen Zedern mit wertvollen wirtschaftlichen

Nutzungsmöglichkeiten heranwachsen. In anderen Teilen des Areals sind diese Eigenschaften etwas weniger ausgeprägt. Für die Aussaat sollten keine Samen verwendet werden, die aus den Grenzbereichen des Verbreitungsgebiets stammen, wie Samen aus Chakassien oder Irkutsk, denn der Genpool ist in diesen Bereichen deutlich ärmer: Die intraspezifische Variabilität und die wirtschaftliche Ergiebigkeit sind geringer.

Der Empfänger bekommt die Nusssamen in einer Versandbox oder einer gepolsterten Verpackung mindestens vier bis fünf Monate vor der Frühlingsaussaat vom Ernteort aus zugeschickt. Dies ist spätestens im November oder Dezember, wenn die Temperaturen kühl sind und die Samen nicht austrocknen können, der Fall.

Beim Kauf von Zedernsamen sollte neben dem Herkunftsort auch auf die Qualität geachtet werden. Besonders gut für die Aussaat geeignet sind vollkörnige Samen, die im selben Jahr geerntet (werden sie länger als zwölf Monate gelagert, verringert sich ihre Lebensfähigkeit enorm) und an der Luft - nicht im Feuer - getrocknet worden sind (bei der Feuertrocknung stirbt der Embryo). Die Samen sind schwer (100 Stück wiegen mindestens 25 Gramm), mindestens 11 Millimeter lang und 7 Millimeter breit und von dunkelbrauner Farbe. Am unteren breiteren Teil der Nuss befindet sich der rubin-bordeauxrote "Augenfleck". Das Innere (Kern und Endosperm) ist weiß und füllt den gesamten Hohlraum in der Schale aus, der Embryo ist gelb und gut entwickelt. Nach langer Lagerung nimmt das Endosperm eine wächserne

Farbe an, bei einer Feuertrocknung wird es braun, verformt sich und verliert seine Lebensfunktionen. Nicht vollkörnige Samen sind leichter und ihre "Augen" sind schwach ausgeprägt.

Da sich die Samen in einem tiefen Ruhezustand befinden und sie eine recht harte Schale besitzen, ist es unwahrscheinlich, dass sie ohne spezielle Kältebehandlung keimen. Genau diese erfahren sie normalerweise in der Natur, wenn sie im Zapfen zur Erde fallen und den langen sibirischen Winter unter einer Schneedecke verbringen. Um die physiologischen Prozesse der Samen bei einer künstlichen Aufzucht zu aktivieren, wird die Natur nachgeahmt und die Samen werden stratifiziert.

Die Stratifikation, die Kältebehandlung der Samen, sollte mindestens drei bis vier Monate dauern. Für eine erfolgreiche Behandlung des Saatguts muss eine erhöhte Feuchtigkeit der Samen und des Substrats (im Optimalfall liegt sie bei 40 Prozent) und eine niedrige Lufttemperatur (ungefähr 0 Grad Celsius) gewährleistet sein. In Abhängigkeit von der Anzahl der Samen, den betrieblichen Möglichkeiten, den Wetterbedingungen und der Schneemenge können verschiedene Stratifikationsverfahren angewendet werden. In jedem Fall wird ein Substrat verwendet (Sand, Holzspäne, Torf, Moos, Schnee o. Ä.), das für eine hohe Samenfeuchtigkeit sorgt.

1. Stratifikation in frostsicheren Gräben und Erdlöchern

Dieses Verfahren kommt bei einer großen Samenmenge zum Einsatz. An hochgelegenen Orten, die vor Grundwasseranstieg und Versumpfung geschützt sind, werden an Stellen mit feuchtem, vorzugsweise sandigem Boden (mindestens 30 Prozent Gesamtfeuchtigkeitsgehalt) 1,5 bis 2 Meter tiefe Gräben oder Löcher ausgehoben. Für eine bessere Luftzirkulation wird der Boden mit einer 10 bis 15 Zentimeter dicken Kies- oder Schotterschicht als Drainage ausgelegt. Um Erdfall zu vermeiden, werden die Wände mit Brettern ausgekleidet.

Bevor die Samen in ihr vorbereitetes Lager geschüttet werden, müssen sie zwei bis drei Tage in Wasser, vermischt mit einer 0,05-prozentigen Lösung aus Mangan-Kaliumsäure (zur Desinfektion), eingeweicht werden. Nach dieser Zeit schwimmen die leeren Samen oben an der Wasseroberfläche und werden entfernt. Die restlichen, also die vollkörnigen Samen, werden aus dem Wasser genommen und mit feuchtem Sand oder Holzspänen im Verhältnis 1:2 vermischt. Bevor beständiger Frost einsetzt, wird das Gemisch in einer ungefähr ein Meter dicken Schicht auf den Boden der Grube gefüllt. Die Obergrenze dieser Schicht muss sich unterhalb der winterlichen Bodenvereisung befinden. Um das Gemisch mit den stratifizierten Samen von der Erde abzutrennen, werden von oben Bretter daraufgelegt, auf welche anschließend Erde geschüttet wird. Im Winter ist die Mischung zusätzlich mit einer dicken Schneeschicht bedeckt. Die Samen werden im Laufe von mindestens drei bis vier Monaten (höchstens sechs), noch vor dem Frühling, keimfähig gemacht. Die Laborkeimfähigkeit beträgt 90 bis 100 Prozent.

2. Stratifikation der Samen im Schneehaufen

Diese Methode wird bei einer kleinen Samenmenge angewendet oder wenn die Samen erst spät angekommen sind. Die eingeweichten, aussortierten und mit feuchtem Substrat vermischten Samen werden in niedrige Kästen (30 Zentimeter tief) verschiedener Längen und Breiten gefüllt. Um die Samen vor Nagetieren zu schützen, sollten sie mit feinmaschigen Netzen umwickelt werden. Damit der Schneeberg nicht so schnell abtaut, werden die Kästen am besten an der Nordseite eines Gebäudes platziert.

Sie werden auf einer ebenen Fläche nebeneinander aufgestellt und mit einem mindestens ein Meter hohen Schneehaufen bedeckt, der regelmäßig festgestampft und mit Holzspänen oder Nadelbaumästen zugedeckt wird. Diese Maßnahmen ermöglichen es, die Lufttemperatur konstant bei circa 0 Grad Celsius zu halten und ein nur langsames Abtauen zu gewährleisten, wodurch wiederum die Samen feucht bleiben. Werden die Samen mindestens drei Monate lang stratifiziert, beträgt ihre Laborkeimfähigkeit 60 bis 70 Prozent.

3. Stratifikation der Samen in Kellern, Kühlhäusern oder Kühlschränken

Die Samen werden zwei Tage lang in Wasser eingeweicht, aussortiert und mit einem feuchten Substrat vermischt. Anschließend wird das Gemisch in Kästen gefüllt, in deren Böden und Wänden für eine bessere Durchlüftung 0,5 bis 1 Zentimeter große Löcher gebohrt werden. Bevor die Kästen in den Keller gestellt werden, sollten sie zum Schutz vor Nagetieren mit feinmaschigen Netzen umwickelt oder bedeckt werden.

Wenige Samen kann man in einem gewöhnlichen Kühlschrank (aber nicht im Gefrierfach!) stratifizieren. Die Mischung aus Samen und feuchtem Substrat wird in einer dünnen Schicht (4 bis 5 Zentimeter) in Baumwollsäckchen oder kleine Schachteln gefüllt. Um die Verdunstung gering zu halten, werden die Säckchen in Polyethylenbeutel, die nicht verschlossen werden, gelegt. Die Samen müssen während der gesamten Stratifikationsphase feucht bleiben. Dafür müssen sie alle 10 bis 15 Tage mit Wasser vermengt und angefeuchtet werden.

Bereitet man die Samen auf diese Weise auf die Aussaat vor, sollte die Temperatur in den Lagerorten zwischen +5 und -5 Grad Celsius betragen. Die Stratifikation dauert drei bis vier Monate, die Laborkeimfähigkeit liegt danach bei 80 bis 90 Prozent.

4. Samenstratifikation in kaltem fließendem Gewässer

Die Samen werden ohne Substrat in Säckchen aus wasserdurchlässigem Material gefüllt. Für drei bis vier Monate, bis zum Ende des Winters, werden sie hängend im Fluss unter dem Eis platziert. Nach dieser Art der Samenvorbereitung beträgt die Laborkeimfähigkeit 55 bis 65 Prozent.[27]

5. Beschleunigte Stratifikation

Dieses Verfahren wird bei einem sehr späten Erhalt der Samen, etwa im Februar oder März, angewendet. Die Samen werden sechs bis acht Tage lang in warmem Wasser eingeweicht, wobei alle zwei Tage das Wasser gewechselt wird. Anschließend werden sie mit gut durchgespültem Flusssand oder Torf vermischt, in Kästen gefüllt und bei Zimmertemperatur (18 bis 25 Grad Celsius) 30 bis 40 Tage lang gelagert. Danach werden die Samen bis zur Aussaat im Kühlhaus oder Kühlschrank bei einer Temperatur nahe dem Gefrierpunkt aufbewahrt.[28]

In Gebieten mit einer langanhaltend geschlossenen Schneedecke, die mindestens 30 bis 40 Zentimeter dick ist, können frisch geerntete Samen der Sibirischen Zeder im Herbst von Ende September bis Anfang Oktober ausgesät werden, wobei sie vor der Aussaat zwei bis drei Tage in Wasser eingeweicht werden. Die leeren (an der Oberfläche

---

27) Polikarpov et al., 1985
28) Ignatenko, 1988

schwimmenden) Samen werden entfernt und die vollkörnigen (am Boden liegenden) Samen werden für die Aussaat vorbereitet.

Die Saat wird mit Fichten- oder Tannenzweigen, welche ein hervorragendes Abdeckmaterial sind, bedeckt. Sie gewährleisten die notwendige Luftzirkulation, Wärmeisolation und sorgen für eine für die Samen optimale Temperatur und Feuchtigkeit. Außerdem stellen sie einen Schutz vor Nagetieren dar. Sollten keine Fichtenzweige vorhanden sein, können die Samen mit Hilfe eines feinmaschigen Netzes vor Nagetieren geschützt werden.

Eine Aussaat im Herbst hat gegenüber einer Aussaat im Frühling einige Vorteile. Zum einen erfolgt die Stratifikation auf sehr naturnahe Weise, woraus besser entwickelte und einheitlichere Sämlinge hervorgehen. Zum anderen werden Arbeitsmittel und Kosten eingespart, die ansonsten für die Lagerung und Stratifikation der Samen aufgewendet werden müssten.

Für das Anlegen von Zedernbaumschulen sind leicht lehmige oder sandige Böden mit einem hohen Grundwasserspiegel am besten geeignet. Es ist nicht empfehlenswert, sie auf Böden mit grober mechanischer Zusammensetzung, übermäßiger Feuchtigkeit oder schwarzer Erde anzupflanzen, da die Qualität des Pflanzmaterials ansonsten verringert wird.

Die stratifizierten Samen werden im frühen Frühling, eine Woche nachdem die Schneedecke geschmolzen ist, im Freiland oder in Gewächshäusern und Frühbeeten ausgesät.

Die Samen werden vor der Aussaat vom Substrat getrennt und circa einen Tag lang erneut in einer starken Kaliumpermanganat-Lösung gebeizt.

Aufzucht der Sämlinge

Aufzucht der Sämlinge im Freiland

Die Samen werden in Streifen (auf einer ebenen Fläche) oder Beetreihen ausgesät, wobei die Streifensaat eine Mechanisierung der Arbeit ermöglicht. Erhöhte Beetreihen (10 bis 30 Zentimeter hoch und 0,8 bis 1 Meter breit) werden auf ausreichend feuchten und leicht erwärmten Böden angelegt. Sie werden entweder von Hand oder mit Hilfe von Beetpflügen und Fräsen gezogen. Die Aussaat erfolgt in Quer- oder Längsgräben.

Beim industriellen Anbau werden breite Furchen (12 bis 15 Zentimeter am Boden der Furche) im Abstand von 30 bis 35 Zentimeter oder schmale Rillen (5 bis 8 Zentimeter) im Abstand von ungefähr 20 Zentimetern gezogen.

Bei der Aufzucht von Zedern für private Zwecke sind Aussaaten in schmale Gräben zu bevorzugen. Sie sollten am Grabenboden 2 Zentimeter breit sein und in einem Abstand von 15 bis 20 Zentimeter voneinander gezogen werden. Auf einem Meter werden 100 bis 120 Samen ausgesät. Idealerweise werden die Samen 3 bis 5 Zentimeter tief eingebettet und anschließend mit 1 bis 1,5 Zentimeter Mulch (Späne, Torf oder andere Substrate) bedeckt.

Wenn die Sämlinge den Erdboden durchbrechen, sitzen die Samen, die ihnen das Leben geschenkt haben, wie ein Hütchen auf ihren Köpfen und werden mit an die Oberfläche getragen. Vögel wie der Eichelhäher, der Tannenhäher, die Elster, die Krähe, die Meise und der Kleiber picken diese zusammen mit den Keimblättern auf oder ziehen sie zusammen mit den kleinen Zedernpflänzchen aus der Erde. Deshalb sollte die Aussaat zum Schutz mit Folie, Holzplatten oder Netzen abgedeckt werden. Bei einer großen Saatfläche ist zu empfehlen, diese schützenden Materialien einen bis eineinhalb Monate lang zu verwenden, bis die Sämlinge alle Nussschalen abgeworfen haben.

Zedernkeimlinge müssen nicht beschattet werden, eine kurzzeitige Beschattung vom Zeitpunkt des Auflaufens der Saat bis zur Entfaltung der Keimblätter ist aber in Ordnung. Weitaus wichtiger ist die Bewässerung, vor allem in der Zeit, wenn die Samen keimen und die Sämlinge Wurzeln schlagen. Vorzugsweise sollten die Pflanzen beregnet werden, denn mit Hilfe der Beregnung kann das Wasser mit Sauerstoff angereichert, an der Luft erwärmt und die Wassermenge reguliert werden. Die Zeitspanne zwischen den Bewässerungen wird nach und nach immer größer: In den ersten 15 bis 20 Tagen nach der Aussaat sollte ein bis zwei Mal wöchentlich gewässert werden, wenn die Samen auflaufen einmal in 10 Tagen, ab dem Zeitpunkt der Verholzung bis zum Ende der Vegetationsperiode (zweite Julihälfte bis August) alle 15 bis 20 Tage.[29]

---

29) Matveeva et al., 2003

Für eine bessere Durchlüftung, eine geringere Verdunstung an der Bodenoberfläche und zur Bekämpfung von Unkraut wird der Boden aufgelockert. Feine Böden werden seltener, grobe häufiger aufgelockert. Befinden sich die Sämlinge in der Wachstumsphase, werden während der Lockerung gleichzeitig mineralische Wurzeldünger eingesetzt. Eine solche Nachdüngung ist vor allem dann wichtig, wenn die Nadeln gebildet werden.

Aufzucht der Sämlinge im Gewächshaus

Zieht man Sämlinge im Gewächshaus auf, so lassen sich alle wichtigen ökologischen Umweltfaktoren, die das Wachstum und die Entwicklung der Pflanzen bestimmen, regulieren: Wärme, Feuchtigkeitsgrad, Licht- und Bodenverhältnisse. Am besten eignen sich dabei gewölbte Gewächshäuser mit Kunststofffolie. Sie sollten auf einer ebenen Fläche aufgebaut werden und von dichten, hauptsächlich Nadelbaumpflanzungen oder hohen Gebäuden auf der Seite des vorherrschenden Windes geschützt sein.

Durch das spezielle, recht feuchte und warme Mikroklima, das unter der Folie entsteht, verlängert sich die Vegetationsperiode der Zedernkeimlinge um mehr als einen Monat. Sie haben eine sekundäre Wachstumsphase, die etwa eine Woche, nachdem die primäre geendet hat, einsetzt und 20 bis 30 Tage dauert. Durch sie erhöht sich der allgemeine Zuwachs um 15 bis 20 Prozent. Diese Sämlinge wachsen im Vergleich zu den Pflanzen im Freiland eineinhalb bis zwei Mal so schnell. So kann die Aufzuchtszeit von gewöhnlichem Pflanzgut der Sibirischen Zeder um ein Jahr verkürzt werden, d. h. sie kann innerhalb von zwei Jahren aufgezogen werden.

Aufgrund der förderlichen Wachstumsbedingungen in Gewächshäusern kann im Vergleich zu Freilandpflanzungen pro Flächeneinheit eine größere Menge (die eineinhalb- bis zweifache Menge) an Pflanzgut erzielt werden. Darüber hinaus schützt ein Gewächshaus die Saat vor Vögeln.

Das beste Bodensubstrat für die Zeder ist eine Mischung aus zersetztem Torf (mit einem pH-Wert zwischen 4,5 und 5,5) und mineralischen Düngern. Mit diesem Substrat werden im Gewächshaus 15 bis 20 Zentimeter hohe und circa 1 Meter breite Reihen angelegt, die einen Abstand von 40 Zentimetern aufweisen. Nach jeder Sämlingsaufzucht, also nach zwei bis drei Jahren, sollte das Substrat erneuert werden. Zur Vorsorge gegen Pilzbefall sollten die Böden jährlich zehn Tage vor der Aussaat mit Metam-Natrium oder einer 5-prozentigen Mangan-Kaliumsäure-Lösung behandelt werden.

Vor der Aussaat wird das Substrat geebnet, eingedickt und befeuchtet. In Gewächshäusern ist eine Streifensaat mit schmalen Furchen, die sich in einem Abstand von 15 bis 20 Zentimeter voneinander befinden, von Vorteil. Die Böden jeder Furche sollten vor der Aussaat mit Superphosphat (1 Gramm pro Meter), Kalidünger (0,5 Gramm) oder Holzasche (2 Gramm), vermischt mit 20 Gramm Torf, gedüngt werden. Die Aussaatmenge ist hier 30 bis 50 Prozent geringer als im Freiland; 30 Gramm (125 bis 150 Samen) auf einem Meter. Die Samen sollten 3 bis 4 Zentimeter tief in den

Boden gepflanzt und mit einer 2 bis 3 Zentimeter dicken Schicht aus einem Torf-Holzspan-Gemisch im Verhältnis 2:1 bedeckt (gemulcht) werden. Diese Schicht muss anschließend festgedrückt und bewässert werden.

Temperatur und Luftfeuchtigkeit spielen eine wichtige Rolle bei der Sämlingsaufzucht in Gewächshäusern, denn sie müssen in verschiedenen Entwicklungsphasen unterschiedlich hoch sein. Die Lufttemperatur sollte vor dem Auflaufen der Saat mindestens 0 Grad Celsius, wenn die Keimlinge die Erde durchbrechen 5 Grad und in der Wachstumsphase mindestens 8 bis 10 Grad betragen. Ist das Frühlingswetter kalt, so wird die richtige Temperatur in den Gewächshäusern mit Hilfe von Heizstrahlern, Wasserheizungen oder Eisenöfen gehalten.

Wenn die Sämlinge auflaufen, sollte die Temperatur 15 bis 20 Grad nicht übersteigen, anschließend sollte sie höchstens 25 bis 30 Grad betragen. Die relative Luftfeuchtigkeit darf nicht unter 60 Prozent und nicht über 90 Prozent liegen, idealerweise liegt sie zwischen 70 und 80 Prozent. Sowohl die Temperatur als auch die Luftfeuchtigkeit werden über die Bewässerung und die Belüftung reguliert. Der Boden im Gewächshaus muss ständig feucht gehalten werden. Bevor die Phase beginnt, in der die Pflanzen aktiv in die Höhe wachsen, muss zusätzlich auch besonders intensiv belüftet werden.

Wenn die Saat noch nicht aufgegangen ist, wird der Boden täglich leicht mit Wasser besprüht. Nach dem Auflaufen werden die Pflanzen seltener bewässert. Die Bewässerung sollte in den Morgenstunden erfolgen, da Feuchtigkeit am Abend dazu führt, dass die Temperatur sinkt und infolgedessen während der Nacht geheizt werden müsste. Im August sollte der Feuchtigkeitsgehalt des Substrats 30 bis 40 Prozent nicht übersteigen.

Zwischen Mitte Juli und Anfang August werden nach und nach die Seitenteile des Gewächshauses geöffnet, um so das Wachstum zu beschleunigen und die Sämlinge abzuhärten. In dieser Zeit wird für gewöhnlich zwei- bis dreimal pro Woche gewässert. Sobald die Abdeckung des Gewächshauses vollständig entfernt worden ist (Mitte bis Ende August), wird die Bewässerung eingestellt.

Die Erde im Gewächshaus muss regelmäßig aufgelockert und von Unkraut befreit werden. Im zweiten bis dritten Jahr werden die Pflanzen an zwei bestimmten Zeitpunkten mit Phosphor-Kalidünger behandelt: einmal im April, wenn sich die Knospen öffnen, das zweite Mal im Juni, vor Beginn der zweiten Wachstumsphase.

Aufzucht von Sämlingen mit geschlossenem Wurzelsystem

Die Sämlinge werden in Torf-, Plastik- oder andere für die Bepflanzung vorbereitete Behälter, die mindestens 8 Zentimeter hoch sind und 200 bis 300 Kubikzentimeter Fassungsvermögen haben, eingepflanzt. Mitte April wird ein Substrat vorbereitet, das aus einer Mischung aus Torf und Lehm (im Verhältnis 1:1) sowie Düngemittel besteht. In einem 10-Liter- Eimer werden dieser Mischung noch 50 Gramm granuliertes Superphosphat, 25 Gramm Kaliumsalz und 250 Gramm Dolomitsalz beigefügt. Damit werden die Behälter befüllt und auf dem Boden des Gewächshauses platziert.

Vorstratifizierte Zedernsamen werden vom Substrat getrennt, gewaschen und einen Tag lang in einer 0,4-prozentigen Kaliumpermanganatlösung gebeizt. Anschließend lässt man die Samen sieben bis zehn Tage lang in feuchtem Sand oder feuchtem Sackleinen keimen.

Die gekeimten Samen werden einzeln in die Behälter in einer Tiefe von 3 bis 4 Zentimetern eingepflanzt, mit einer 1 Zentimeter dicken Torf-, Sand- oder Holzspanschicht bedeckt und mit einer 0,5-prozentigen Kaliumpermanganatlösung bewässert.

Die Pflänzchen müssen immer rechtzeitig gegossen werden, das Substrat sollte zwei- bis dreimal aufgelockert und von Unkraut befreit werden. Bei einem Fusariumbefall (die Stämmchen verfärben sich rot und es bildet sich eine Verengung) müssen die Sämlinge mit einer 0,5-prozentigen Kaliumpermanganatlösung gewässert werden. Die abgestorbenen Pflanzen werden entfernt und durch gekeimte Samen oder Sämlinge aus Reservekulturen ersetzt.

Setzlinge können auf verschiedene Arten aufgezogen werden: Zwei Jahre alte Pflänzchen werden schneller unter der Folienabdeckung im Gewächshaus aufgezogen, dies dauert zwei Jahre. Dreijährige Bäumchen werden im Freiland angepflanzt, wo sie regelmäßig gegossen werden müssen. Hier verbringen sie drei Jahre.

Aufzucht der Setzlinge

Für die Zirbelkieferpflanzungen wird Pflanzgut unterschiedlicher Größe und verschiedenen Alters verwendet, das durch Samen oder auf vegetative Weise (veredelte Pfröpflinge) vermehrt worden ist.

Das Aufziehen von großem, durch Samen vermehrtem Pflanzmaterial erfordert ein zweimaliges Umpflanzen. Zunächst werden die Pflanzen vom Ort ihrer Aussaat zur weiteren Aufzucht in eine Baumschule versetzt, wo sie in einem Abstand von 1 x 0,5 Meter oder 1 x 1 Meter stehen. Von dort aus werden sie später an ihren permanenten Standort verpflanzt.

Vor dem Knospenschwellen im Frühjahr werden 3- bis 4-jährige Sämlinge vom Freiland und 2- bis 3-jährige aus dem Gewächshaus für mindestens 5 bis 6 Jahre an einen anderen Ort verpflanzt, um dort weiterzuwachsen, Baumkronen und ein verzweigtes Wurzelsystem auszubilden. Damit sich das Wurzelsystem gut entwickeln kann, müssen die Wurzeln auf eine Länge von 10 bis 15 Zentimeter gekürzt werden. Um die Überlebenschancen zu erhöhen, sollten die Wurzeln zusätzlich in eine zuvor vorbereitete spezielle Mixtur getaucht werden. Bei dieser handelt es sich um fruchtbare Erde, die mit so viel Wasser vermischt wird, bis sie eine sahnige Konsistenz aufweist. Die damit benetzten Wurzeln werden vorsichtig in ein mit Spaten oder Waldschaufel ausgehobenes Erdloch gesetzt und ausgebreitet, anschließend wird die Erde festgedrückt.

Beim Umpflanzen von Zedern sind zwei wichtige Dinge zu beachten: Der Wurzelhals (er befindet sich zwischen dem kleinen Stamm und dem Wurzelsystem) darf nicht vergraben und die Wurzeln dürfen nicht geknickt werden, sie müssen herabhängen können. Befindet sich der Wurzelhals in der Erde, wird der vergrabene Teil der Rinde bald faulig, Assimilate gelangen nicht mehr bis zu den Wurzeln und die Pflanze vertrocknet. Zedernbäumchen mit geknickten Wurzeln wachsen schlechter und sterben ab, auch wenn sie schon 25 Jahre alt sind. Da die Erde später noch einsinken wird, sollte sich der Wurzelhals zum Zeitpunkt des Einpflanzens in feinen Böden 4 bis 5 Zentimeter, in groben Böden 3 bis 4 Zentimeter über der Erdoberfläche befinden. So befindet sich der Wurzelhals nach der Erdeinsenkung dann auf der Ebene des Erdbodens.

Zedernpflänzchen mit geschlossenem Wurzelsystem werden entweder aus ihren Containern genommen oder zusammen mit den Torftöpfchen in große Behälter aus Plastik, Polyethylen oder Keramik umgepflanzt und ins Erdreich der Baumschule gesetzt. Haben die Setzlinge eine bestimmte Größe erreicht, werden sie von ihren Behältern aus nicht abbaubarem Material wie Plastik und Polyethylen befreit und an ihren dauerhaften Standort verpflanzt.

Während die Pflanzen in der Baumschule wachsen, werden sie regelmäßig maschinell und chemisch (mit Triazin-Herbiziden) gepflegt. Pro Saison wird ein- bis zweimal zwischen den Reihen in einer Tiefe von 10 bis 15 Zentimeter mit einer Kalium-Phosphor-Nährlösung gedüngt. Wenn die

Reihen mit Furchenigel oder Häufelpflug bearbeitet werden, bilden die Setzlinge nach zwei bis drei Jahren eine zweite Wurzelebene aus. Dadurch werden die Pflanzen widerstandsfähiger und haben höhere Überlebenschancen in dauerhaften Pflanzungen.

Stehen die Pflanzen in einer Baumschule im Abstand von 1 x 1 Meter, kann äußerst dekoratives, aus Samen vermehrtes Pflanzgut heranwachsen: 60 Zentimeter bis 3 Meter hohe Zedern mit symmetrischer Krone und gut ausgebildetem Wurzelsystem. In jungen Jahren dienen diese Pflanzen häufig als Grundlage für die Aufzucht von vegetativ vermehrten Setzlingen.

Triebe von äußerst dekorativen und ertragreichen Formen der Zirbelkiefer werden in der Waldzone auf Sibirische Zedern oder in der Waldsteppe auf Gewöhnliche Kiefern aufgepfropft. Als Unterlagen werden sechs bis acht Jahre alte, aus Samen vermehrte Zedernsetzlinge aus einer Baumschule oder Zedernjungholz verwendet. Die veredelten Pflanzen können frühestens zwei bis drei Jahre nach der Veredelung an ihren permanenten Standort umgepflanzt werden, also wenn ihr biologisches Alter acht bis zehn Jahre beträgt.

Pflanzgut der Zirbelkiefer (durch Samen oder vegetativ vermehrt) sollte höchstens 20 Jahre alt und vier bis fünf Meter hoch sein. Wenn die Pflanzen älter sind, kann es zu Schwierigkeiten beim Ausheben, dem Transport und dem Umpflanzen kommen, was die Überlebenschancen mindert.

Vegetative Vermehrung der Zirbelkiefer

In der freien Natur sind bestimmte Formen der Sibirischen Zeder nur selten vorzufinden, ich denke hier an Exemplare mit hoher Samen- und Pollenproduktivität, mit einer hohen Phytomasse oder mit einer besonders dekorativen Form, also Bäume mit schöner Krone, Länge, Form oder Nadelfarbe, die in Zentralrussland gerne zur Begrünung verwendet werden. Werden solche Exemplare aber vegetativ vermehrt, bleiben in der Nachkommenschaft all ihre wertvollen Eigenschaften erhalten. So kann durch die Klonung dieser Bäume ausreichend Pflanzmaterial für die Schaffung zahlreicher Zedernplantagen für private Pflanzungen und Begrünungen gewonnen werden.

Das Sammeln von Edelreisern und der Zeitpunkt für die Veredelung

Zu den wichtigsten Methoden der vegetativen Vermehrung von Zirbelkiefern zählt die Veredelung. Ein besonderes Augenmerk sollte dabei auf die Ausführung der Veredelung und auf die Wahl der sogenannten Edelreiser, der Teilstücke einer Edelsorte, die dabei verwendet werden, gelegt werden. Denn wann die Samenproduktion bei veredelten Pflanzen einsetzt und wie üppig sie ausfällt, ist in erster Linie vom verwendeten Edelreis abhängig, das bei der Veredelung eingesetzt wird.

Für die Schaffung von ertragreichen Nussbaumplantagen durch sogenannte homoplastische Pfropfungen (Zeder x Zeder) im Verbreitungsgebiet der Zirbelkiefer und in der

Waldzone des europäischen Teils Russlands sollten in erster Linie Triebstücke von Plusbäumen aus dem Gebiet des ökologischen Optimums und aus Gebieten mit erhöhtem Polymorphismus dieser Art verwendet werden. Für die Sibirische Zeder sind diese Orte im Nieder- und Mittelgebirge des Altai und Sajan zu finden, wo der beste Genpool konzentriert ist. Dies sind deshalb auch die besten Gebiete, um Edelreiser von dieser Baumart zu sammeln. Aus ihnen entstandene Veredelungen zeichnen sich durch eine frühe, regelmäßige und reiche Samenbildung aus. Auch aus anderen Teilen des Verbreitungsgebiets können Triebstücke verwendet werden. Dabei muss aber beachtet werden, dass sich die regionalen Besonderheiten der Erntedynamik in der Art der Fruchtentwicklung widerspiegeln werden, da diese von den klimatischen Bedingungen und genotypischen Strukturen der jeweiligen Zedernbestände abhängig sind.

Wenn die Sibirische Zeder außerhalb ihres Verbreitungsgebietes auf andere Kiefernarten in Waldsteppen- und Steppengebieten Russlands veredelt wird, ist es empfehlenswert, vorrangig Edelreiser von ergiebigen, aber langsam wachsenden Bäumen verschiedener Höhenstufen der Altai-Sajan-Bergregion zu verwenden (zweitrangig erst die von anderen Zederngebieten), damit die Kieferunterlage nicht von dem Zeder-Edelreis überwuchert wird. In Gebieten der Pflanzeneinführung werden auch im Hinblick auf die Samenproduktion herausragende Exemplare der Europäischen Zeder aus den ukrainischen Karpaten und der Korea-Zeder aus der Primorje-Region geklont.

Zum Zweck der Veredelung können Reiser von folgenden Bäumen verwendet werden:

1. von ertragreichen (Plusbäume) und großzapfigen Bäumen, die aus natürlichen Beständen ausgewählt worden sind sowie von ihren mindestens 15 Jahre alten Klonen;
2. von erwachsenen Bäumen und jungen Zedern (ab 15 Jahren) mit bestimmten dekorativen Kroneneigenschaften aus botanischen Gärten, Parks, natürlichen Beständen und Plantagen;
3. von Bäumen mit besonderer Pollenaktivität, Phytomasse oder anderen herausragenden Eigenschaften.

Bei hochproduktiven Bäumen werden die Triebstücke vom oberen, Früchte tragenden Teil der Krone abgeschnitten, bei Bäumen mit dekorativen oder anderen Eigenschaften vom mittleren und oberen Kronenteil und bei Bäumen mit besonderer Pollenproduktivität vom unteren, männlichen Kronenbereich. An den Enden der Skelett- und Seitenäste werden 10 bis 15 Zentimeter lange Triebe abgeschnitten, die an der Schnittstelle nicht dicker als 13 Millimeter sind. Sie sollten einen Zuwachs aus den letzten beiden Jahren aufweisen. Für die Veredelung werden die ein Jahr alten Zentral- und Seitentriebe benutzt. Im Idealfall sind sie 6 bis 8 Millimeter dick, höchstens aber 10 Millimeter. Es ist nicht tragisch, wenn sich an ihnen unreife Zapfen befinden, diese müssen aber vor der Veredelung entfernt werden, denn dadurch erhöhen sich die Überlebenschancen.

Wie viele Edelreiser von einem Baum abgeschnitten werden können, ist von der Kronenausbildung (Dichte, Breite, Aufbau) abhängig. Je älter die Zeder ist, desto mehr Triebe können gesammelt werden. Damit die Vitalität der Zeder nicht leidet und sie weiterhin als Mutterpflanze verwendet werden kann, wird alle drei Jahre eine relativ kleine Anzahl an Triebstücken auf einmal vom Baum entfernt. Von Pflanzen mit besonderen dekorativen Eigenschaften können von 15-jährigen Bäumen höchstens 15, von 20-jährigen 20, von 50-jährigen 40 und von erwachsenen Bäumen 60 bis 70 Edelreiser geschnitten werden. Von ertragreichen und großzapfigen Genotypen können auf einmal höchstens 50 Prozent der fruchtenden Triebe abgeschnitten werden. Von einer veredelten 15-jährigen Zeder sollten nicht mehr als 10, von einer 20-jährigen 15 und von einer 30-jährigen maximal 20 Sprosse abgetrennt werden; von einer erwachsenen, 180 bis 220 Jahre alten Sibirischen Zeder werden höchstens 50 bis 60 Stück abgeschnitten. Von mehrgipfligen Exemplaren der Europäischen Zeder gleichen Alters können 30 bis 50 Prozent mehr Reiser geschnitten werden. Bei den Korea-Zedern sind es 20 bis 30 Prozent weniger, da sie eine spärlichere Krone haben.

Von jungen Bäumen werden die Triebstücke mit einer Garten- oder Astschere entweder vom Boden oder von einer Leiter aus abgeschnitten.

Es ist nicht empfehlenswert, auf jungen Bäumen am Stamm entlang bis zur Krone zu klettern, da dieser noch nicht besonders stabil ist und möglicherweise abbrechen kann. Erst auf über 40 Jahre alte Bäume, die auf Brusthöhe einen Stammdurchmesser von mindestens 20 Zentimetern aufweisen, kann geklettert werden. Der Aufstieg in die Krone hoher Bäume darf nur auf eine Weise erfolgen, die dem Stamm keinerlei Schaden zufügt. Bei Bäumen mit herabhängenden Skelettzweigen steigt der Kletterer an diesen wie an einer Leiter hinauf. Beim Erklimmen von Zedern in der Taiga, deren Geäst erst hoch über dem Boden beginnt, verwendet der Kletterer verschiedene Hilfsmittel; er kann zum Beispiel eine Leiter, die bis zu den ersten breiten Ästen reicht, oder in der Nähe stehende "Kletterbäume" mit stabilen Stämmen und Ästen nutzen. Diese Aufgabe wird am besten von einem Höhenmonteur erfüllt, der über die nötige Spezialausrüstung für den Auf- und Abstieg verfügt (Klettereisen, Spikes, Stricke, Kletterseile, Titanhalterungen, Höhensicherung usw.). Ein erfahrener Kletterer braucht für den Aufstieg in die Krone, das Schneiden von 50 bis 60 jungen Trieben und den Abstieg insgesamt 30 bis 45 Minuten. Allerdings können die spitzen Spikes den Stamm verletzen, und vereiste Bäume können mit den Klettereisen nicht bestiegen werden. Aus diesem Grund dürfen sie zum Sammeln von Triebstücken mit wertvollem Genpool nur begrenzt verwendet werden.

Die Edelreiser werden vor dem Beginn der Vegetationsphase, wenn der Schnee noch nicht geschmolzen ist, vorbereitet. Im europäischen Teil Russlands ist dies im Februar bis März, in Sibirien und im Fernen Osten im März bis April. Sie werden von jedem Baum oder Klon separat gebündelt und etikettiert. Bis zur Veredelung werden sie in großen Schneehaufen aufbewahrt, welche mit einer dicken Schicht aus Sägespänen bedeckt werden, damit der Schnee nicht schmilzt. Wenn sich der Winter dem Ende zuneigt, werden die Edelreiser unmittelbar nach ihrer Aufbereitung in Versandboxen verschickt. Die unteren Teile der etikettierten Büschel werden in feuchtes Material wie Moos, Putzlappen oder Sackleinen gewickelt und in PE-Folie verpackt, was sie zehn Tage lang vor dem Austrocknen bewahrt. Nach Erhalt der Päckchen sollten die Reiser sofort herausgenommen und so gelagert werden, dass sie nicht anfangen zu wachsen oder austrocknen. Sie sollten in eineinhalb Meter hohen Schneebergen - an der Nordseite von einem Gebäude und mit Holzspänen bedeckt - aufbewahrt werden. Alternativ können sie in großen, mit Schnee befüllten Kisten in einem Kühlhaus oder einem kalten Erdkeller gelagert werden. An Orten, an denen es keinen Schnee gibt, können die Triebstücke vorübergehend für 5 bis 10 Tage in kalten Kellern aufbewahrt werden, außerdem können sie in einem Kühlschrank bei einer Temperatur zwischen -2 und +2 Grad Celsius lagern. Unter solchen Bedingungen sollten sie mit feuchtem Moos, Holzspänen oder Sackleinen bedeckt werden, wobei diese Materialien ständig feucht gehalten werden müssen. Dies ermöglicht es, die notwendige Feuchtigkeit in den Trieben und Knospen zu erhalten und so ihre Lebensfähigkeit zu garantieren.

Veredelt werden die Triebe im Frühling oder im Sommer. Die günstigste Zeit für die Veredelung im Frühjahr ist die Phase des aktiven Wachstums der Unterlage, wenn sich die

Kambiumzellen in beschleunigter Geschwindigkeit teilen und die Pflanzen so gut verwachsen können. Die Zeitspanne von der Vergrößerung der Gipfelknospen um 1 bis 2 Zentimeter bis hin zur Verlängerung der Triebe um 7 bis 10 Zentimeter dauert je nach Temperatur und Wetterbedingungen zwischen fünf und zehn Tagen.

In Abhängigkeit davon, wann diese Phasen in verschiedenen Gebieten stattfinden, werden für jede Waldzone eigene Termine für die Veredelung festgelegt. Im dunklen Gürtel des Altai-Gebirges wird sie für gewöhnlich zwischen dem 10. und 15. Mai durchgeführt, im Mittelgebirge fünf bis sieben Tage später. In Westsibirien (Oblast Nowosibirsk) findet die Veredelung im zweiten und dritten Maidrittel statt, in der Oblast Swerdlowsk um Mitte bis Ende Mai. In der Moskauer Oblast und den angrenzenden Regionen ist die beste Zeit in den ersten beiden Maidritteln, in der Zentralen Schwarzerde-Region zwischen dem 20. April und dem 10. Mai und in der mittleren Wolgaregion zwischen Mitte April und Mitte Mai. In dieser Zeit beträgt die durchschnittliche Tagestemperatur in der Waldsteppe 15 Grad Celsius und die Luftfeuchtigkeit liegt bei 70 Prozent. Da die Wetter- und Klimabedingungen jedes Jahr etwas schwanken, können die angegebenen Daten leicht abweichen und sich entsprechend nach vorne oder hinten verschieben. Eine Sache bleibt aber immer gleich: Das biologische Signal zum Beginn der Veredelungen ist das Aufgehen und Wachsen der Knospen an den Unterlagen.

Für Veredelungen im Sommer mit Winterreisern auf Unterlagen, bei denen der zentrale Trieb in diesem Jahr gut in die Höhe gewachsen ist, gibt es zwei Termine. Die frühen Veredelungen werden in der Phase des aktiven Höhenwachstums (Ende Mai bis Anfang Juni) vorgenommen, die späten finden im Anschluss daran statt, wenn die oberen Teile der Triebe anfangen zu verholzen und sich an der Unterlage Knospen entwickeln und Nadeln wachsen (in der zweiten Junihälfte).[30] Die Veredelungen sollten abgeschlossen sein, bevor sich die Knospen differenzieren und ihre Verharzung beginnt, da in dieser Zeit die kambiale Aktivität der Unterlage abnimmt und sich die Überlebenschancen der veredelten Pflanzen verringern. Im Schnitt beträgt die Dauer für sommerliche Veredelungen 20 Tage, doch je nach Region und Wetterbedingungen kann die Dauer schwanken.

Die Pflanzen sollte man am besten bei bewölktem Wetter (aber nicht bei Regen) oder bei sonnigem und warmem (aber nicht heißem) Wetter veredeln, wenn das Edelreis nicht so leicht austrocknen kann.

Veredelungsmöglichkeiten und Pflege

Die geläufigste und effektivste Methode zur Veredelung der Zeder im Frühling ist das sogenannte "Anplatten". Dabei trifft entweder das Mark des Edelreis auf das Kambium der Unterlage oder beide Kambien der Komponenten werden aufeinandergelegt, am oberen oder mittleren Teil des Zentraltriebs.

---

30) Tvelenev, 1988

Zu Beginn wird an beiden Veredelungskomponenten ein Teil der Nadeln entfernt. Zunächst werden die Edelreiser, die 6 bis 8 Zentimeter langen Triebstücke, vorbereitet. An der Gipfelknospe werden zwei bis drei Nadelbüschel übrig gelassen. Die Reiser werden nach der Größe ihrer Durchmesser sortiert und auf einer Folie ausgebreitet oder in den Gürteltaschen des Gärtners verstaut. Auf diese Weise kann bei der Veredelung schneller ein geeignetes Reis ausgewählt werden, das dem Durchmesser der Unterlage entspricht, denn der Durchmesser des Edelreis muss an der Veredelungsstelle mit dem Durchmesser der Unterlage übereinstimmen oder darf höchstens um ein Drittel dünner sein. Als Unterlage dienen geradstämmige Bäumchen der Sibirischen Zeder mit einer gut ausgebildeten und symmetrischen Krone sowie einer Höhe von 0,6 bis 1,7 Metern.

An der Unterlage (am vorjährigen Zentraltrieb der Pflanze, auf die veredelt wird) werden um die Gipfelknospe herum zwei Drittel der Seitenknospen entfernt. Am oberen Teil des Stängels werden 15 bis 20 Nadelbüschel stehen gelassen, die darunter liegenden werden auf einer Länge von 7 bis 10 Zentimetern entfernt. Damit die Borke des Edelreis und die der Unterlage nicht verletzt werden, zieht man die Nadeln in Wachstumsrichtung heraus. Da die Gipfelknospe erhalten bleibt, ist die kambiale Aktivität hoch, was ein schnelles Verwachsen der Komponenten ermöglicht. Falls das Edelreis stirbt, entwickelt sich aus ihr ein Zentraltrieb, der im nächsten Jahr als Unterlage dienen kann.

Bei beiden Veredelungsmethoden beginnt der Schnitt am Knospenansatz. Bei der ersten Möglichkeit wird ein spitzwinkliger Schnitt bis zur Mitte des Triebes, dem Mark, gesetzt. Von dort aus verläuft der Schnitt nach unten an der Marksröhre entlang. Anschließend wird das Triebstück einseitig im spitzen Winkel abgeschrägt, so dass ein kurzer, einseitiger Keil entsteht. Bei der zweiten Möglichkeit wird vom Knospenansatz aus ein langer, schräger Schnitt gesetzt, der durch das Mark hindurch verläuft und ebenfalls einen einseitigen Keil bildet, diesmal aber einen langen.

Durch Abwandlungen dieser Veredelungsmethoden können hohe Überlebensraten der veredelten Pflanzen erzielt werden und die Ausführung der Arbeit wird erleichtert. Die Abänderungen sehen wie folgt aus: Das Ende des Edelreis wird mit einem langen, keilförmigen Schnitt abgeschrägt. An der anderen Seite wird ein zusätzlicher spitzwinkliger, keilförmiger Schnitt gesetzt, dessen Länge ungefähr ein Viertel der Länge des ersten Schnitts beträgt. An der Unterlage wird ein Streifen der Rinde abgelöst, aber nicht vollständig vom Trieb abgetrennt, sondern auf 1,5 bis 2 Zentimeter gekürzt. Unter diesen Rindenstreifen wird nun das zugespitzte Ende des Edelreis mit der langen, durch das Mark verlaufenden Schnittfläche auf das freigelegte Kambium der Unterlage gelegt. An die gegenüberliegende, kürzere Schnittfläche wird die Rinde der Unterlage fest angedrückt. Anschließend werden die Komponenten mit PVC-Klebeband umschnürt und fixiert. Die Vorteile dieser Methoden bestehen zum einen darin, dass eine größere Fläche der beiden Komponenten (Kambium, Bast, Holz) aufeinandertreffen und besser verbunden werden kann. Zum anderen kann im Fall eines Absterbens des Edelreis der Gipfeltrieb der Unterlage gerettet und im nächsten Jahr für die Veredelung verwendet werden. Die Schnittlänge muss an beiden Komponenten gleich lang sein und 5 bis 7 Zentimeter betragen.

Damit das Edelreis, bevor es mit der Unterlage verwachsen ist, nicht austrocknet, sollte es, vor allem in Waldsteppenzonen, auf der schattigen Seite (der Ost- oder Nordseite) der Unterlage aufgepfropft werden. Es konnte festgestellt werden, dass während der ersten sieben Tage nach der Veredelung an klaren Tagen die Temperatur des Edelreis höher ist als die Temperatur der Unterlage (bis zu 4,5 Grad Celsius) und als die der Umgebungsluft (bis zu 13 Grad Celsius).

Neben diesen Varianten wird im Frühjahr auch das sogenannte "Spaltpfropfen" durchgeführt. Dabei wird in einen Spalt an der Spitze des Zentraltriebs ein keilförmig zugespitztes Edelreis von 3 bis 4 Zentimetern gesteckt. Um den Keil zu schneiden, werden, beginnend am Knospenansatz des Edelreis, zwei spitzwinklige Schnitte bis hin zum Mark vollzogen.

Dies ist die Hauptmethode ***bei Sommerveredelungen mit Winterreisern***, die von M. Tvelenev entwickelt worden ist.[31] Werden die Pflanzen zu einem frühen Zeitpunkt veredelt, wird von der Unterlage der obere Teil des nicht ver-

31 Tvelenev, 1988

holzten Zentraltiebs (ca. ein Drittel der Gesamtlänge) abgeschnitten und in der Mitte des unteren Teils wird ein Längsschnitt (Spalte), der so lang wie der Keil ist, gesetzt. Findet die Veredelung später statt, werden die Nadeln der Unterlage 3 bis 4 Zentimeter unterhalb der Knospen entfernt. Der Einschnitt verläuft durch die Gipfelknospe und sollte wieder so lang sein wie der Keil. Die Seitenknospen bleiben dabei erhalten. Das keilförmige Ende des Edelreis wird dann in die Spalte der Unterlage gesteckt. Um die Verdunstung an der Zeder zu reduzieren, werden die Nadeln um ein Drittel bis zur Hälfte ihrer Länge gekürzt.

Die Schnitte werden mit einem sehr scharfen Okuliermesser durchgeführt, dessen Klingen jeweils nach zwei Schnitten (einer an der Unterlage, einer am Edelreis) mit in Alkohol getränkter Watte gereinigt werden, um die Pflanzen vor einer Verkeimung zu schützen. Wird mit dünnen Trieben gearbeitet, können Rasierklingen verwendet werden. Der Schnitt wird in einer fließenden Bewegung ausgeführt, er muss gleichmäßig und glatt sein. Eine stumpfe oder mit Harz beschmierte Klinge kann die Holzfasern verformen oder quetschen, was wiederum die Überlebenschancen der Pflanze verringert.

Bei einer Veredelung mit der Anplatten-Methode muss die Schnittfläche eine wässrig-glänzende Verfärbung haben, das ist die Farbe des Kambiums. Ein nicht korrekt ausgeführter Schnitt hinterlässt eine matte Oberfläche (wenn er in das Holz eingedrungen ist) oder einen grünlichen Ton (wenn der Bast nicht entfernt wurde).

Um die Komponenten zusammenzubinden, wird PVC-Klebeband oder in schmale Streifen geschnittene PE-Folie verwendet. Wenn möglich, sollte bevorzugt das Klebeband benutzt werden, da es die Veredelungskomponenten fest aneinanderdrückt und dank seiner Elastizität auch über längere Zeit hinweg nicht einschneidet. Dies sorgt für gute Überlebenschancen, und der Verband kann im Frühling des nächsten Jahres sogar gelockert werden.

Die Krone sollte so gepflegt werden, dass sie sich normal entwickeln und sich die Zweige an Edelreis und Unterlage richtig anordnen können. Einen Monat nach der Frühlingsveredelung wird der Verband gelockert, indem das Klebeband an der gegenüberliegenden Seite des Edelreis längs bis zur Oberfläche der Borke der Unterlage eingeschnitten wird. Bei Veredelungen, die mit der Anplatten-Methode durchgeführt worden sind, wird der Gipfeltrieb der Unterlage mit einem schrägen Schnitt eineinhalb bis zwei Zentimeter oberhalb der Veredelungsstelle entfernt. Vom ersten sich darunter befindenden Astquirl werden alle Seitenäste abgeschnitten, und an den nächsten zwei oder drei Quirlen werden sie um die Länge des diesjährigen Zuwachses gekürzt. Dies beschleunigt das Wachstum und verhindert die Entwicklung von Konkurrenztrieben. Die gut ausgebildeten Zweige, die über das Edelreis hinauswachsen könnten, werden auf Höhe der Stammbasis abgeschnitten. Das Lockern der Verschnürung und das Beschneiden der Unterlage kann auch im Frühling des nächsten Jahres, bevor die Knospen wachsen, stattfinden. Wenn die Komponenten während der Vegetationsphase miteinander verwachsen, erhöht das die Überlebenschancen, verringert aber den Jahreszuwachs des Edelreis um 30 bis 50 Prozent. Sein Zuwachs wird vom aktiven Wachstum des Gipfeltriebes gehemmt.

Der Verband wird bei Sommerveredelungen am Ende der Vegetationsphase oder im Frühling des Folgejahres gelockert. An der Unterlage werden die am besten ausgebildeten Seitentriebe entfernt, die übrigen werden um die Zuwachslänge aus einem oder zwei Jahren gekürzt. Es dürfen nicht alle Äste abgeschnitten werden, da sie dafür sorgen, dass sich die Pflanze normal entwickelt.

In den folgenden Jahren werden an den Unterlagen die Seitentriebe verschiedener Astquirle, die sich zu stark ausbilden oder dabei sind, die Dicke des Edelreis zu übertreffen, gekürzt oder entfernt.

Bei der Bepflanzung von abgeholzten Waldflächen dienen Forstkulturen oder Zedernjungholz als Unterlagen. Nach ein bis zwei Jahren werden die Flächen aufgelichtet und alle Bäume, die sich im Umkreis von drei bis vier Metern der veredelten Zedern befinden, werden entfernt, denn wenn die Schatten werfenden Nachbarn frühzeitig gefällt werden, werden die veredelten Bäume robuster und fruchten besser.

Wenn die Veredelungen zur richtigen Zeit durchgeführt, lebensfähige Reiser mit dem passenden Durchmesser verwendet, die Verfahrenstechniken richtig ausgeführt und die Kronen frühzeitig gepflegt werden, liegen die Überlebenschancen von Zirbelkiefern, die sich auf der Unterlage einer

Sibirischen Zeder oder Gewöhnlichen Kiefer befinden, bei 95 bis 100 Prozent. Diese Methode der vegetativen Vermehrung von wertvollen Zedernformen hat weder biologische noch technologische Beschränkungen (sie kann von jedem gemeistert werden). Außerdem kann man auf diese Weise in recht kurzer Zeit genügend veredeltes Pflanzgut mit den nötigen ökonomischen und dekorativen Eigenschaften erhalten.

Die Sibirische Zeder kann man auch durch das Ziehen von Stecklingen, das meint die Bewurzelung einjähriger Triebe von Seitenästen, vermehren. Die Möglichkeiten sind hierbei allerdings eingeschränkt, vor allem durch das Alter der Mutterpflanze. Das beste Ergebnis wird mit Stecklingen von höchstens zehn Jahre alten Zedern erzielt; Stecklinge von 25 Jahre alten Bäumen bilden nur selten Wurzeln aus.[32]

Bei der Vermehrung durch die Anzucht von Stecklingen junger Zirbelkiefern können sich nicht alle dekorativen und sonstigen wertvollen Eigenschaften vollständig entfalten. Daneben gibt es aber auch noch andere Nachteile bzw. es können zusätzlich technische und technologische Schwierigkeiten anfallen. Die Aufzucht von Stecklingssetzgut ist nur möglich, wenn sich die klimatischen Bedingungen regulieren lassen, vorzugsweise in einem Treibhaus, wo für die optimale Temperatur, Luftfeuchtigkeit und Dauer der Photosynthese gesorgt werden kann.

32) Matveeva et al., 2003

Besonders schwierig ist es, die Stecklinge vor der Auspflanzung mit physiologisch aktiven Substanzen, die die Wurzelbildung fördern, zu behandeln. Laut Rimma Matveeeva wirken sich viele Faktoren auf die Effizienz dieser Behandlungen aus: genotypische Besonderheiten, Alter, der physiologische Zustand der Mutterpflanzen, von denen die Stecklinge stammen, der Grad ihrer Verholzung und Quellung, der Gehalt an Stärke, Fett, natürlichen Auxinen, die Konzentration der Nährlösungen und die Behandlungsdauer der Stecklinge.

Aus diesen Gründen ist die Anzucht von Stecklingen der Sibirischen Zeder, im Unterschied zur Vermehrung durch Veredelung, heutzutage nicht weit verbreitet.

Aus dem Leben einer Zeder

Die erste Hälfte des 15. Jahrhunderts neigte sich dem Ende zu. In der Rus fand die "Sammlung" der fürstlichen Länder um Moskau statt, und im Altai-Gebirge in der Taiga reifte in jenem Jahr eine üppige Ernte an Zedernnüssen heran. Die smaragdgrünen Kronen der Zedern waren mit schweren bronzefarbenen Zapfen geschmückt. Für die Vögel und Tiere begann eine fröhliche und emsige Zeit, in der sie schlemmten und Nussvorräte anlegten. Die Taiga war erfüllt vom Rascheln der über die Stämme huschenden Eichhörnchen und Streifenhörnchen, der auf der Erde herumwuselnden Mäuse und dem Kreischen zahlreicher bunter Tannenhäher. Zuweilen ertönte in diesem großen Chor ein neuer Ton – der Klang herabfallender Zapfen.

Auf der Spitze der mächtigen Zeder, die alle anderen Bäume überragte, ließ sich ein Tannenhäher nieder. Er wählte den allergrößten Zapfen und pickte die besten Nüsschen heraus. Als der Vogel satt war, verstaute er die Nüsse in seinem geräumigen Kropf und flog davon, um sie zu verstecken. Auf einer kleinen Lichtung erblickte er eine einsame Birke, deren

Stamm am Boden von einer Decke aus weichem, grünem Moos umgeben war. Der Tannenhäher wusste genau, dass dies ein wunderbarer Ort für seinen Schatz war. Mit seinem langen schwarzen Schnabel schob er das federnde Moos auseinander und legte einen Teil der Nüsse hinein. Die übrigen versteckte er nicht weit entfernt in einem morschen Zedernbaumstumpf und in der von den Wurzeln einer Tanne aufgewühlten Erde. Der Vogel arbeitete bis in den späten Herbst, so lange bis dichter Schnee fiel. Er wusste nur zu gut, dass solch reiche Ernten selten waren und dass ein Vorrat in der Taiga nie zu groß sein konnte. Nur dank dieses Vorrats überlebte der Vogel mit Müh und Not das folgende magere Jahr.

Der lange sibirische Winter setzte ein. Nach und nach fielen die Zapfen zur Erde und wurden fürsorglich mit einer dicken und weichen Schneedecke zugedeckt. Doch die Ernte war so groß, dass bis kurz vor Frühlingsbeginn noch immer einige Zapfen in den Kronen der Bäume hingen. Die Nüsse darin, die vom sonnigen Altai-Winter und vom Wind getrocknet worden waren, schmeckten erstaunlich lecker. Die Tannenhäher taten sich gütlich an ihnen und vergaßen ihre Vorräte, und so blieben die im Moos unter der Birke versteckten Nüsse verschont. Sie überwinterten sicher unter dem flauschigen Schnee, der sie vor dem rauen Frost behütete. Im zeitigen Frühjahr wuchsen aus ihnen sieben Keimlinge heran, und in der Mitte des Sommers ragten bereits sieben grün-bräunliche Stämmchen, die mit Rosetten aus dunkelgrünen, spitzen Nadeln gekrönt waren, aus dem schützenden Moos hervor.

In den ersten drei Jahren wuchsen die Zedernbäumchen langsam, aber gleichmäßig. Sie verdrängten einander nicht, für alle gab es genügend Nahrung. Doch mit jedem Jahr stiegen ihre Bedürfnisse. Es wurde ihnen zu eng im Horst, den jedoch keines verlassen konnte. Das schwächste Bäumchen unter ihnen starb zuerst. Nach und nach, eins nach dem anderen, verdorrten im Laufe der nächsten Jahre fünf weitere Geschwister, und von der ganzen Familie blieb nur eine Zeder übrig. Schon in jungen Jahren hatte sie sich von den anderen durch ihr schnelles Wachstum und die dichte Benadelung hervorgehoben.

Die Birke, unter der sie sich befand, wurde ihr Kindermädchen (Abb. 5, S. 134). Sie schützte die jungen, zarten Nadeln vor der sengenden Sommersonne und fütterte die kleine Zeder jedes Jahr mit ihrem herabfallenden Laub. Aber sie erlaubte ihrem "Adoptivkind" nicht, schnell zu wachsen, und beschattete es mit ihrer spärlichen Krone. Die strenge Obhut, in der sich die junge Zeder befand, hatte einen Sinn. Die Gesetze der Natur besagen: Je schneller ein Baum in jungen Jahren wächst, desto schneller wird er altern und desto kürzer wird sein Leben sein. Die Birke wollte, dass die Zeder lange lebt. Diese ertrug die Fürsorge gelassen und war viele Jahre lang eine geduldige Schülerin. Sie wuchs langsam, doch mit jedem Jahr wurde sie höher und höher. Anfangs berührte sie mit ihrer Spitze die dicken unteren Äste der Birke, bahnte sich dann weiter ihren Weg durch die lichte Krone und näherte sich allmählich und zielsicher dem Baumwipfel.

Die Jahre vergingen. Die Birke wurde alt, aber die Zeder verwandelte sich in eine wunderschöne, stattliche junge Frau. Sie war ansehnlich, mit ihrer grünen Krone umarmte sie zärtlich den ergrauenden Stamm ihres greisen Kindermädchens. Es hat sie bis zum Ende seiner Tage beschützt, obwohl die Zeder schon keine Fürsorge mehr benötigte. Eines Tages kam ein starker Wind auf, der die Birke zerbrach. Ihr alter Stamm war von Fäulnis befallen, und so fiel sie neben der Zeder zu Boden. Doch auch noch nach ihrem Tod wollte sie ihrem Schützling nützlich sein: Das zerfallende Holz ihres Stammes nährte noch lange ihre erwachsen werdende Tochter.

Nun war die Zeder allein. Jetzt, da sie viel Platz hatte, konnte sie endlich ihre nahen und fernen Nachbarn, die zuvor von einem Vorhang aus Birkenblättern verdeckt gewesen waren, deutlich sehen. Unter den Nachbarn befanden sich ungefähr gleichaltrige Zedern und Tannen. Sie bestaunte die Anmut der schlanken Taiga-Schönheit, der Tanne. Ihr gleichmäßiger, glatter Stamm wuchs langsam in die Höhe. Eine äußerst symmetrische, dichte, dunkelgrüne Krone umhüllte ihn. Ihre Äste verkürzten sich langsam nach oben hin bis zum Wipfel, ihre Spitze streckte sich gen Himmel. Ihre weichen, breiten, an der Unterseite bläulichen Nadeln verströmten einen aromatischen Balsamduft, der sich nach jedem Gewitter intensivierte und die reine Luft der Taiga erfüllte.

Die Tanne und die Zeder waren im gleichen Alter, aber die Zeder war nicht so groß wie die Tanne. Zu lange hatte sie in der Obhut der Birke verbracht. Doch jetzt, da es sie nicht mehr gab, hatte die Zeder all das, was die beiden zuvor geteilt hatten - Licht, Wasser, Nahrung aus dem Boden –, für sich allein. So begann sie, schnell in die Höhe und in die Breite zu wachsen. Sie wollte der Pracht der Tanne in nichts nachstehen und wurde mit jedem Jahr schöner. Sie hüllte ihren schlanken Stamm in eine eindrucksvolle, dichte, smaragdgrüne Krone aus weichen langen Nadeln und schmückte diese im Sommer mit den Blüten der männlichen Ährchen, was sehr prachtvoll aussah.

Die Zeit der Reife trat ein, und im Alter von 52 Jahren wuchsen auf der Spitze der Zeder die ersten acht Zapfen heran. Sie waren groß und die Schuppen, unter denen sich die fetthaltigen Nüsse befanden, waren fest angepresst. Ihre erste Ernte hat die Zeder großherzig der Taiga geschenkt – vier Tannenhäher haben die Nüsse vernascht. Jedes Jahr streckte sich ihre Krone nun höher und höher hinauf, es entwickelten sich immer mehr zapfentragende Triebe, die Ernte wurde reicher und die Zeder konnte zahlreiche Taigabewohner mit den nahrhaften Nüssen beschenken, darunter Eichhörnchen, Streifenhörnchen, Tannenhäher, Zobel und Mäuse. Damit rettete sie viele vor dem Hungertod.

Jeder Baum der Taiga wollte leben, doch die grausamen Gesetze der Natur erlaubten es nur den stärksten unter ihnen, zu überleben und eine Nachkommenschaft zu hinterlassen. Nur auf diese Weise kann eine Art weiter bestehen und stärker werden. Und so starb auch die Tanne. Sie hat nicht lange gelebt, nur 140 Jahre. Die Kräfte der Zeder hingegen nahmen zu. Mit ihren 160 Jahren sah sie hervorragend aus! Der glatte Stamm leuchtete schokoladenfarben, auf der von der sibirischen Sonne verwöhnten Südseite war er orangebraun. Die dichte, breitästige, malachitfarbene Krone mit ovaler Spitze bedeckte fast die Hälfte ihrer Stammeshöhe. Sie überragte alle Zedern in ihrer Nachbarschaft, die die Überlegenheit ihrer Schwester anerkannten und schon nicht mehr versuchten, sie in ihrer Größe zu übertreffen.

Ende Mai oder Anfang Juni leuchteten auf dem smaragdgrünen Mantel der Zeder hunderte kleine, helle Lichtlein auf. In der oberen Kronenhälfte erstrahlten an den Enden der Triebe kleine bordeauxrote Kerzen, die weiblichen Zapfen mit den Samenknospen, während in der unteren Kronenhälfte die orange-roten männlichen Ährchen mit dem Pollen erschienen. Sobald die Pollen reif waren, stiegen Millionen winzige, vom Wind aufgewirbelte Staubteilchen auf und vermischten sich mit jenen von anderen Zedern. Ein paar wenige von ihnen blieben sanft an den wartenden Samenknospen haften. In manchen Jahren gab es so viele Pollen, dass die dunkelgrüne Taiga mit einem gelblichen Schleier bedeckt zu sein schien. Die Pollen ließen sich auf Nadeln, Zweigen, Stämmen, Gräsern und Moos nieder, und der Herbst des folgenden Jahres wurde mit einer reichen Ernte beschenkt.

Mit 220 Jahren befand sich die Zeder in ihrer vollen Pracht, an zahlreichen Trieben wuchs die größte Ernte ihres Lebens heran. Hunderte von Zapfen hingen schwer an der Krone, je drei bis fünf Stück an allen Zweigspitzen. Von diesem Zeitpunkt an wurde die reichliche Samenbildung zu einem natürlichen Prozess, 120 Jahre lang versorgte die Zeder viele Taigabewohner regelmäßig und reichlich mit Nüssen. Um so viele Samen zu produzieren, verbrauchte die Zeder fast all ihre Nahrungsreserven und verringerte deshalb ihr Höhenwachstum.

Zu Beginn freute sie sich über die üppigen Ernten. Die aufgebrauchten Ressourcen konnte sie leicht und schnell wieder auffüllen. Fast in jedem Herbst glänzten auf ihrer seidigen smaragdgrünen Krone die zahlreichen bronzefarbenen Zapfen vor dem Herbsthimmel. Doch mit der Zeit hat diese Großzügigkeit den Baum ausgelaugt. Die Zeder musste Ruhepausen einlegen, um die für die Produktion so vieler Nüsse verbrauchten Kräfte wiederherzustellen. Von nun an gab es alle zehn Jahre ein bis zwei Jahre, in der sie keine Samen bildete. Die Jahre forderten ihren Tribut. Schon schaffte sie es nicht mehr, in den von der Natur festgelegten Pausen alle nötigen Nährstoffe anzusammeln, um erneut eine reiche Ernte hervorzubringen. Sie wurde schwächer und begann, weniger Samen zu tragen. Die Zeder war 400 Jahre alt.

Allmählich veränderte das Alter auch das Aussehen der Zeder. Ihr einst dichter und üppiger Wipfel begann, lichter und löchriger zu werden. Mit jedem Jahr blieben weniger und weniger zapfentragende Zweige übrig. Sie hatte aber keine Angst vor dem Alter. Noch immer stand sie stabil auf der Erde. Die Ankerwurzeln waren fest im braunen Boden verwachsen und stützten zuverlässig die Basis des mächtigen, fast 40 Meter hohen Stammes.

Die Zeder überlebte alle anderen Bäume. Im Laufe ihres jahrhundertelangen Lebens wurde sogar die Enkelin ihrer unvergesslichen Genossin, der Tanne, alt. So überließen auch viele gleichaltrige Zedern, manche früher, manche später, ihren Kindern den Platz. Trotz seines beträchtlichen Alters erfreute sich der alte Baum noch immer an den ersten warmen Sonnenstrahlen des Frühlings, die seine während des langen Winters durchfrorenen Zweige streichelten. Der Geschmack des ersehnten Tauwassers, das vom Nadelstreu der mächtigen Taiga gefiltert worden war, war ihr vertraut und lieb. Jedes Jahr im Frühling erwartete sie aufgeregt und hoffnungsvoll das Erwachen ihrer inneren Kräfte.

In ihrem ganzen Leben hat sich die Zeder vor nichts gefürchtet. Weder vor den leuchtenden Blitzen, die den verregneten Himmel aufbrachen und einige Zedern auf den Gipfeln der benachbarten Bergen durchbohrten, noch vor den Orkanböen, die plötzlich im Herbst aus dem tiefen und dunklen Trockental herüberwehten. Wirklich Angst hatte sie nur ein einziges Mal, Anfang des vergangenen Jahrhunderts, als sie 470 Jahre alt war. Am Oberlauf ihres heimischen Flusses brach ein Waldbrand aus. Die mit Harz bedeckten Stämme der Zedern loderten wie Fackeln auf und verkohlten. Das vom Wind vorangetriebene Feuer sprang von Baum zu Baum, breitete sich geschwind ins Tal hinunter aus, rückte immer näher und erfreute sich seiner leichten Beute. Die heiße Luft zischte. Die brennenden und zu Boden stürzenden Bäume krachten entsetzlich. Es schien, als schrien sie vor Schmerzen und flehten um Hilfe. Beißender, dichter Rauch verschleierte die Silhouette der Berge. Während alle Tiere aus der Taiga flüchteten, konnte sich die Zeder nicht von der Stelle rühren. Sie konnte nur warten ... Ein rettender, langanhaltender Sturzregen stoppte die Lawine aus Feuer wenige Kilometer von ihr entfernt. Auch dieses Mal hatte das Schicksal den Baum gerettet.

Doch dann kam der Mensch in die Taiga und störte das schöne Leben. Die Herrin der Taiga, die nicht nur einmal dem Groll der Naturgewalten getrotzt hatte, die hunderte Taigabewohner und einige Jahrzehnte lang auch die hier angesiedelten Menschen ernährt und unzähligen Bäumen das Leben geschenkt hatte, wurde im Winter im Alter von 520 Jahren gefällt. Die kreischende Säge durchbohrte den über zwei Meter dicken Stamm von mehreren Seiten und konnte das weiche Holz lange nicht durchschneiden. Da sich die Zeder in der ruhenden Winterphase befand, spürte sie keine großen Schmerzen. Erst als ihr Kern zersägt wurde, stöhnte sie auf, verneigte sich vor der heimischen Taiga und brach mit ihrem mehrere Tonnen schweren Gewicht auf dem schneebedeckten Boden, auf dem sie aufgewachsen war, zusammen ... Die schlafende Taiga bemerkte den Tod des mächtigen Baumes nicht. Auch der angstvolle Schrei des Tannenhähers konnte sie nicht wecken.

Die Jahre vergingen. Heute ist das Innere des einst massiven, überaus breiten Zedernbaumstumpfs völlig zerfallen. Nur ein übriggebliebener schmaler Holzstreifen an den Rändern und eine gewölbte, knorrige Oberfläche aus starken Wurzeln erinnern an die einstige Größe und Langlebigkeit des Baumes. Der Stumpf ähnelt einem runden Haus ohne Dach, gastfreundlich und fürsorglich. In ihm und um ihn herum fanden junge Zedern Zuflucht und Schutz. Mit ihrem fröhlichen, buschigen Grün füllten sie die gesamte Innenfläche ihrer Ahnin aus, schlossen sie in ihre Mitte und wuchsen über sie hinaus (Abb. 6, S. 135).

Es scheint, als sei der alte Stumpf wieder zum Leben erwacht. Aber nein. Die weise, vorausschauende und sorgsame Natur hat sich rechtzeitig um die Zukunft der Zeder gekümmert. Sie wird diese Baumart mit all ihrer Kraft am Leben erhalten und würdige Nachkommen der Sibirierin heranwachsen und reifen lassen. Damit die Zederntaiga aber zu ihrer einstigen Größe zurückkehren kann, braucht sie zusätzlich die Hilfe der Menschen, die die Kunst beherrschen, ertragreiche Zedernpflanzungen anzulegen.

Schlusswort

Jahrzehntelang wollten wir uns die Natur untertan machen, doch bei diesem Unterfangen mussten wir zwangsläufig eine Niederlage erleiden. Jetzt rächt sich die Natur für unsere Gier und Ignoranz mit dem nahenden Kollaps der Umwelt, der gesundheitliche Schäden für zahlreiche Menschen und auch den Zusammenbruch der Wirtschaft bedeuten kann. In der lebenden Welt ist alles miteinander verbunden: Der Mensch zerstörte die harmonischen, Millionen von Jahren alten Naturbeziehungen, und wie ein Bumerang kehrt die Zerstörung nun zu ihm und der ganzen Gesellschaft zurück. Eine gesunde Umwelt bedeutet eine gesunde Gesellschaft. Eine kranke Umwelt bedeutet eine kranke Gesellschaft - und unsere Gesellschaft krankt in vielen Bereichen, nehmen wir als Beispiel nur die Ignoranz des politischen Systems, in dem die behördlichen Interessen über die Interessen der Menschen gestellt werden.

Alle gesellschaftlichen Laster spiegelten und spiegeln sich im Schicksal der Zeder wider. Dabei hatte die Natur Russland einst großzügig beschenkt, indem sie diesen einzigartigen, nusstragenden Nadelbaum, den ernährenden "Brotbaum", auf den endlosen Weiten des kalten Sibiriens ansiedelte. Die Zederntaiga hat viele Generationen von Sibiriern behütet und ernährt. Doch nicht immer hat der Mensch ihre verschiedenen Gaben zu schätzen gewusst und sie mit Dankbarkeit und Sorgfalt genutzt. In dem smaragdgrünen Tempel der Zedernwälder verhielt er sich oft wie ein unsensibles Trampeltier, ganz der unvernünftige, grausame und kurzsichtige Verbraucher. Jahrhundertelang störte er das harmonische Leben zahlreicher Bewohner der Taiga und *zer*störte gar ihre besten Vertreter und somit einen wertvollen Genpool. Die Zederntaiga, die einst die größte Vielfalt an Naturreichtümern auf der Erde aufwies, verkümmerte nach und nach. Immer häufiger muss sich die majestätische Zeder, die Königin der sibirischen Taiga, auch heute noch dem Kreischen der Kettensäge beugen und zu Boden stürzen. In diesen unruhigen Zeiten wird sie nicht vom Staat geschützt.

Doch in Russland sind noch immer Anhänger und Beschützer dieser edlen Baumart zu finden. Und es werden immer mehr. Ich glaube, dass die Zeit kommen wird, in der nicht nur in Sibirien und dem europäischen Teil des Landes, sondern auch in Europa neue, ertragreiche Zederngärten und zweckorientierte Plantagen entstehen werden. Die Zeder wird in Stadtparks und Grünanlagen, in Vorgärten und Kleingärten zu finden sein. Mit ihrer malachitfarbenen Krone wird sie Bürogebäude und Landhäuser schmücken und unser Leben bereichern und verschönern. Für den Großteil meiner Mitbürger und für Europäer werden die

Zedernnüsse eine gewöhnliche Leckerei sein, sie werden Russlands Stellung in nahen und entfernten Ländern wieder verbessern.

Der dankbare Mensch wird der Königin der sibirischen Taiga ein wahrer Freund sein. Anders kann es nicht sein. Der sibirische Lehrer und Reformpädagoge, der legendäre Retter und Beschützer von Hunderten verlassenen Waisenkindern, Alexander Katolikow, sagte mit tiefer Überzeugung: "Ein Mensch, der inmitten von Zedern lebt, wird gutmütiger, erfolgreicher und talentierter."

Über den Autor

Ewgenij Wasiljewitsch Titow

Professor und habilitierter Doktor der Agrarwissenschaften, Professor am Lehrstuhl für Forstwirtschaft, Forstinventur und -einrichtung an der Staatlichen Morosow-Universität für Forsttechnik Woronesch, von der Russischen Föderation ausgezeichneter Forstwirt.

Ewgenij Titow kam in der russischen Stadt Brjansk in einer Lehrerfamilie zur Welt. Nach Beendigung der Brjansker Fachhochschule für Forstwirtschaft arbeitete er von 1960 bis 1964 in der westsibirischen Stadt Gorno-Altaisk in dem experimentellen Forstbetrieb "Kedrograd", der sich für die komplexe Nutzung der Reichtümer der Taiga-Zedernwälder einsetzt. Dort war er zunächst als Forstwirt, später als Oberingenieur für Forstwirtschaft und als leitender Forstwirt tätig.

In den folgenden Jahren war er wissenschaftlicher Mitarbeiter am Biologischen Institut der Sibirischen Abteilung der Akademie der Wissenschaften der UdSSR in Nowosibirsk, habilitierte mit dem Titel "Selektion der Sibirischen Zirbelkiefer nach Samenproduktivität" und war leitender wissenschaftlicher Mitarbeiter im Zentralen Wissenschaftlichen Forschungsinstitut für Forstgenetik und Forstpflanzenzüchtung in Woronesch. Seit 1996 arbeitet er an der Staatlichen Morosow-Universität für Forsttechnik in Woronesch, die ersten 15 Jahre als Leiter des Lehrstuhls für Forstwirtschaft und seit sechs Jahren als Professor am Lehrstuhl.

Die gesamte langjährige Tätigkeit von Professor Titow steht im Dienste der wichtigsten nusstragenden Baumart Russlands, der Sibirischen Zeder, zu der er seine Forschungen hauptsächlich in der Republik Altai betrieb. Mit seiner Hilfe sind Kahlschläge in Zedernwäldern der Republik Altai (1988) und in der UdSSR (1989) gesetzlich verboten worden.

Professor Titow ist der führende Spezialist im Bereich der Selektion und des Plantagenanbaus der Zirbelkiefer. Er erarbeitete die biologischen Grundlagen für die Selektion von Zirbelkiefern, Empfehlungen für die Auslese von ertragreichen Bäumen, Genotyp-Klonen und Klon-Pollenspendern der Sibirischen Zeder und für die Schaffung nussreicher Zirbelkieferplantagen.

Professor Ewgenij Titow schuf ein Netz aus einzigartigen experimentellen Klonplantagen mit ausgewählten Genotypen und intraspezifischen Hybriden der Zirbelkiefer. Diese befinden sich in den Republiken Altai und Komi, in den Oblasten Rostow, Woronesch, Brjansk und Moskau und nehmen eine Gesamtfläche von mehr als 60 Hektar ein. Zum ersten Mal in der Nadelbaumzucht wurden intraspezifische Hybride der Sibirischen Zeder mit Heterosis-Effekt hervorgebracht und ertragreiche Klonsorten der Sibirischen und Europäischen Zeder geschaffen, die von der russischen Staatskommission als Neuzüchtungen anerkannt worden sind.

Professor Titow hat 14 Monographien und Handbücher geschrieben, dazu zählen unter anderem: "Zederngarten", "Hybridisierung der Sibirischen Zeder", "Forstwissenschaft", "Plantagenanbau von Zirbelkiefern" und "Plantagenforstwirtschaft"[33]. Außerdem verfasste er über 220 wissenschaftliche Arbeiten.

Als Publizist ist er in der nationalen und lokalen Presse tätig, im Fernsehen spricht er über Fragen wie nachhaltige Waldnutzung, effektive Wiederaufforstung und eine sinnvolle Nutzung des wertvollen Genpools der Zeder. Er bietet Forstwirtschaftshochschulen, Forstwirtschaftsverwaltungen, Försterschulen und begeisterten Waldliebhabern methodische und praktische Unterstützung bei der Kultivierung von Zedern und der Schaffung von Zedernplantagen an. Seine Loyalität gegenüber der Zeder wurde von verschiedenen Schriftstellern wie Walentin Rasputin (Ewgenij Titow sei der "Hüter der Zedern"), Wladimir Tschiwilichin, Rudolf Balandin, Andrej Iwanow-Smolenskij und Wladimir Petropawlowskij hervorgehoben. Sein Name taucht in der "Großen Biographischen Enzyklopädie" (Gufo.me, russ.: *Bolšaâ biografičeskaâ enciklopediâ*) und der "Woronesch-Enzyklopädie" (russ.: *Voronežskaâ enciklopediâ*) auf (2008, Band II).

33) Alle Titel frei aus dem Russischen übersetzt.

Literaturverzeichnis

Beh, I. A. Kedrovniki Ûžnogo Priob'â. [Tekst] / I. A. Beh. Novosibirsk: Nauka, SO, 1974, S. 212.

Celitel'nye aromaty prirody. M.: Veče, 2004, S. 224.

Drozdov, I. I. Introdukciâ sosny kedrovoj sibirskoj v evropejskuû čast' lesnoj zony [Tekst]: avtoref. dis. d-ra s.-h. nauk / Drozdov, I. I.; Mosk. lesoteh. in-t. M., 1992, S. 48.

Ignatenko, M. M. Sibirskij kedr [Tekst] / M. M. Ignatenko. M.: Nauka, 1988, S. 160.

Irošnikov, A. I. Plodonošenie kedra sibirskogo v Zapadnom Saâne [Tekst] / A. I. Irošnikov // Plodonošenie kedra sibirskogo v Vostočnoj Sibiri. M.: AN SSSR, 1963, S. 93-103.

Irošnikov, A. I. Polimorfizm populâcii kedra sibirskogo [Tekst] / A. I. Irošnikov // Izmenčivost' drevesnyh rastenij Sibiri. Krasnoârsk: ILiD SO AN SSSR, 1974, S. 77-104.

Irošnikov, A. I. Bioèkologičeskie svojstva i izmenčivost' kedra sibirskogo [Tekst] / A. I. Irošnikov // Kedrovye lesa Sibiri. Novosibirsk: Nauka, 1985, S. 8-40.

Irošnikov, A. I. Orehoproduktivnost' kedrovnikov // Kedrovye lesa Sibiri [Tekst] / A. I. Irošnikov. Novosibirsk: Nauka, 1985, S. 132-150.

Irošnikov, A. I.; Titov, E. V. Rekomendacii po otboru i ocenke plûsovyh derev'ev kedra sibirskogo na semennuû produktivnost' [Tekst] / A. I. Irošnikov, E. V. Titov. M.: VNIIClesresurs, 2000, S. 36.

Il'ičev, Û. N; Demidenko, V. P. Rekomendacii po sozdaniû postoânnoj lesosemennoj bazy kedra na selekcionnoj osnove v Gornom Altae [Tekst]/ Û. N. Il'ičev, V. P. Demidenko. Voronež: Kommuna, 1981, S. 71.

Kalâev, A. I. Biologičeskie osnovy orehoproduktivnosti v kedrovyh lesah Severo-Vostočnogo Altaâ [Tekst] / A. I. Kalâev, V. V. Krinickij// Tr. Altajskogo goszapovednika. Gorno-Altajsk, 1961. Vyp. 3, S. 122-135.

Karetnikov, P. V. O himičeskom sostave kedrovyh orehov i ih vliânii na želudočnuû sekreciû [Tekst]: avtoref. dis. kand. med. nauk / Karetnikov P. V. Irkutsk: 1967, S. 16.

Koževnikov, A. M. Plodonošenie kedra sibirskogo v zapadnoj časti Zabajkal'â [Tekst] / A. M. Koževnikov // Plodonošenie kedra sibirskogo v Vostočnoj Sibiri. M.: AN SSSR, 1963, S. 76-92.

Krylov, G. V. Lesa Zapadnoj Sibiri [Tekst]/ G. V. Krylov. M.: AN SSSR, 1961, S. 257.

Krylov, G. V. Travy žizni i ih iskateli [Tekst] / G. V. Krylov. Novosibirsk: Zap.-Sib. kn. Izd-vo, 1969, S. 264.

Krylov, G. V. Kedr [Tekst] / G. V. Krylov, N. K. Talancev, N. F. Kozakova. M.: Lesn. Prom-st', 1983, S. 216.

Kuz'min, M. K. Derev'â i kustarniki lesostepnoj opytno-selekcionnoj stancii [Tekst] / M. K. Kuz'min. Voronež: Central'no-Černozemnoe knižn. Izd-vo, 1969, S. 116.

Lypa, A. L. Dendrologičeskie bogatstva Ukrainskoj SSR i ih ispol'zovanie [Tekst] / A. L. Lypa // Ozelenenie naselennyh mest. Kiev: Akad. Arhitektury, 1952, S. 9-21.

Matveeva, R. N. Izmen'čivost' plûsovyh derev'ev kedra sibirskogo i ih potomstv v usloviâh ûga Srednej Sibiri [Tekst] / R. N. Matveeva, O. F. Butorova, A. V. Vodin. Krasnoârsk: SibGTU, 1999, S. 128.

Matveeva, R. N. Poleznye svojstva i metody razmnoženiâ kedra sibirskogo [Tekst] / R. N. Matveeva, O. F. Butorova, N. P. Bratilova. Krasnoârsk: SibGTU, 2003, S. 154.

Minina, E. G. Morfogenez i proâvlenie pola u hvojnyh [Tekst] / E. G. Minina, N. A. Larionova. M.: Nauka, 1979, S. 215.

Münch, E. Investigation of tree shape [Tekst] / E. Münch. Jahrb. Wiss. Bot., 1938, Bd. 86. No. 4, S. 581-673.

Nekrasova, T. P. Biologičeskie osnovy semenošeniâ kedra sibirskogo [Tekst] / T. P. Nekrasova. Novosibirsk: Nauka. 1972, S. 274.

Nepomilueva, N. I. Kedr sibirskij na severo-vostoke evropejskoj časti SSSR [Tekst] / N. I. Nepomilueva. L.: Nauka, 1974, S. 184.

Parfenov, V. F. Èksperiment v tajge: Kedrograd i ustojčivoe razvitie [Tekst]/ V. F. Parfenov. M.: NIA-Priroda, 2000, S. 351.

Petrov, M. F. Kedrovye lesa i ih ispol'zovanie [Tekst] / M. F. Petrov. M.-L.: Goslesbumizdat, 1961, S. 132.

Petrov, M. F. Kedr - derevo hlebnoe [Tekst] / M. F. Petrov. Sverdlovsk: Sredne-Ural'sk. Kn. Izd-vo, 1982, S. 158.

Polikarpov, N. P. Uhod za kedrom [Tekst] / N. P. Polikarpov // Kedrovye lesa Sibiri. Novosibirsk: Nauka, SO, 1985, S. 191-201.

Polikarpov, N. P. Vyraŝivanie posadočnogo materiala [Tekst] / N. P. Polikarpov, N.V. Daško // Kedrovye lesa Sibiri. Novosirbirsk: Nauka, SO, 1985, S. 162-171.

Pravdin, L. F. Selekciâ i semenovodstvo kedra sibirskogo [Tekst] / L. F. Pravdin // Plodonošenie kedra sibirskogo v Vostočnoj Sibiri. M.: AN SSSR, 1963, S. 5-21.

Protopopov, V. V. Sredoobrazuûŝaâ rol' temnohvojnogo lesa [Tekst] / V. V. Protopopov. - Novosibirsk: Nauka, 1975, S. 328.

Prâhin, V. D. Prigorodnye lesa [Tekst] / V. D. Prâhin, V. T. Nikolaenko. M.: Lesn. prom.-st', 1981, S. 248.

Rasputin, V. G. Gornyj Altaj [Tekst] / V. G. Rasputin / Sobranie sočinenij v treh tomah. Tom tretij. M.: Molodaâ gvardiâ, 1994, S. 145-187.

Rohmeder, E. M. Allgemeine Forstzeitung, 1955, S. 7-8.

Ruš, V. A. Novoe v issledovanii himičeskogo sostava kedrovogo oreha [Tekst] / V. A. Ruš // Ispol'zovanie i vosproizvodstvo kedrovyh lesov. Novosibirsk: Nauka, SO, 1971, S. 240-244.

Saeta, V. A. Vedenie kompleksnogo hozâjstva v kedrovnikah Gorno-Altajskogo opytnogo lespromhoza [Tekst] / V. A. Saeta // Ispol'zovanie i vosproizvodstvo kedrovyh lesov. Novosibirsk: Nauka, SO, 1971, S. 121-133.

Sviridonov, G. M. Poleznye rasteniâ Gornogo Altaâ [Tekst] / G. M. Sviridonov. Gorno-Altajsk: otdelenie Altajskogo kn. Izd-va, 1978, S. 232.

Sviridonov, G. M. Dary prirody na vašem stole [Tekst] / G. M. Sviridonov. Kemerovskoe kn. Izd-vo, 1984, S. 136.

Smaglûk, K. K. Aborigenni hvojni lisoutvorûvači [Tekst] / K. K. Smaglûk. Užgorod: "Karpati", 1972, S. 112.

Smirnov, G. V. Geografičeskie privivki kedra sibirskogo na sosne obyknovennoj v usloviâh Leningradskoj oblasti [Tekst]: Avtoref. dis. kand.

sel'skohoz. nauk / Smirnov, G. V.; Leningradskâ lesoteh. akad. Leningrad, 1971, S. 22.

Ŝerba, N. P. Uskorennoe vyraŝivanie èkologičeskih plantacionnyh kul'tur sosny kedrovoj sibirskoj [Tekst] / A. P. Ŝerba // Integraciâ fundamental'noj nauki i vysšego lesotehničeskogo obrazovaniâ po problemam uskorennogo vosproizvodstva, ispol'zovaniâ i modifikacii drevesiny. Voronež: VGLTA, 2000, S. 347-350.

Titow, E. V. Sostoânie i puti povyšeniâ urožajnosti kedrovyh orehov: Obzop. inform. [Tekst] / E. V. Titow. M.: CBNTI Gosleshoza SSSR, 1987, S. 44.

Titow, E. V. Selekciâ kedrovyh sosen [Tekst] / E. V. Titow. Voronež: VGLTA, 1999, S. 58.

Titow, E. V. Plantacionnoe lesovyraŝivanie kedrovyh sosen [Tekst] / E. V. Titow. Voronež: VGLTA, 2004, S. 165.

Titow, E. V. Gibridizaciâ kedra sibirskogo [Tekst] / E. V. Titow. Voronež: VGLTA, 2006, S. 128.

Titow, E. V. Plantacionnoe lesovodstvo [Tekst] / E. V. Titow. Voronež: VGLTU, 2012, S. 127.

Titow, E. V. Raznokačestvennost' roditelej i rost vnutrividovyh gibridov kedra sibirskogo [Tekst] / E. V. Titow // Lesotehničeskij žurnal, 2016. T. 6, No.1, S. 62-72.

Titow, E. V. Morfobiometričeskie i èlektrofiziologičeskie osobennosti bystrorastuŝih gibridov sosny kedrovoj sibirskoj [Tekst] / E. V. Titow, R. G. Ševernožuk // Integraciâ fundamental'noj nauki i vysšego lesotehničeskogo obrazovaniâ po problemam uskorennogo vosproizvodstva, ispol'zovaniâ i modifikacii drevesiny. Voronež: VGLTA, 2000, S. 329-332.

Tvelenev, M. V. Rekomendacii po privivkam sosny i kedra v letnie sroki [Tekst] / M. V. Tvelenev. M.: CentrNOT Minleshoza RSFSR, 1988, S. 10.

Volobuev, G.P. Samohodnye vibracionnye ustanovki dlâ otrâhivaniâ šišek s rastuŝih derev'ev [Tekst] / G. P. Volobuev // Lesnoe hozâjstvo, 1969, No.11, S. 46-51.

Abb. 1: Die Zeder fasziniert durch ihre Erhabenheit und Schönheit. Dieser Gigant der dunklen Taiga im Hohen Altai ist 240 Jahre alt.

Abb. 2. In der dunklen Taiga des Altai-Gebirges sind einige wenige Sibirische Zedern erhalten geblieben – Zeitzeugen der fernen Vergangenheit.

Abb. 3: Auf den alpinen Wiesen stehen die Zedern "wie die Bojaren in teuren grünen Samtmänteln".
Rechts: eine gebirgige, niedrigwüchsige Form der Sibirischen Zeder.

Abb. 4: In der Oblast Woronesch reifen auf der 25-jährigen und veredelten Klonsorte der Europäischen Zeder "Karpatskij" bis zu 350 Zapfen.

Abb. 5: Die Birke – das "Kindermädchen" der Zeder

Abb. 6: Der alte, zwei Meter breite Baumstumpf der Sibirischen Zeder beherbergt neue Generationen. Das Leben geht weiter!

Die Anastasia-Reihe von Wladimir Megre
Visionen für eine neue Gesellschaft

Anastasia – Das Wissen der Ahnen

Wer erzieht eigentlich unsere Kinder? Warum steht so vieles nicht in den Geschichtsbüchern? Was können wir tun? Auf diese Fragen gibt Anastasia Antworten.

280 Seiten · gebunden · mit Abbildungen
ISBN 978-3-89845-040-9 · € [D] 14,90

Anastasia – Die Energie des Lebens

Das Wesen eines Menschen besteht aus verschiedenen Energien. Eine dieser Energien ist die Gedankenkraft. Anastasia enthüllt in diesem Buch, wie man es schaffen kann, seine Gedankenenergie auf ein höheres Niveau zu heben.

264 Seiten · gebunden · mit Abbildungen
ISBN 978-3-89845-058-4 · € [D] 14,90

Anastasia – Neue Zivilisation

Der Same für eine individuelle und kollektive Wende zum Guten liegt in der Rückbesinnung auf natürliche Werte. Anastasia weist uns den Weg in eine blühende Zukunft für unseren Planeten und für eine neue Zivilisation.

208 Seiten · gebunden · mit Abbildungen
ISBN 978-3-89845-123-9 · € [D] 14,90

Anastasia – Die Bräuche der Liebe

Anastasia zeigt am Beispiel von alten wedrussischen Bräuchen und deren Bedeutung sehr anschaulich, wie der Zusammenhalt in Familien gestärkt und die Gestaltung des gesellschaftlichen Lebens geplant werden kann.

240 Seiten · gebunden · mit Abbildungen
ISBN 978-3-89845-180-2 · € [D] 14,90

160 Seiten, mit Farbteil, broschiert
ISBN 978-3-89845-344-8
€ [D] 12,95

Sigmund Schuster

Gesund schlafen mit der Heilkraft des Holzes

Der lebensfreundliche Schlafplatz

Unser Schlafplatz übt einen entscheidenden Einfluss auf unsere Gesundheit und unser Wohlbefinden aus. Sigmund Schuster zeigt uns, wie jeder Schlafplatz zu einem energetischen Ort umgewandelt werden kann, der sich positiv auf unser Wohlbefinden und unsere Gesundheit auswirkt. Er erklärt, wie wir die Lichtkraft des Baumes und somit die Heilkraft des Holzes in einem *NaturkraftSchlafplatz* bündeln können.
Praktische Tipps zum Ausbau eines solchen lebensfreundlichen Schlafplatzes und dessen positive Auswirkungen auf unsere Seele und unsere Gesundheit helfen uns, den Schlaf für die Heilung unseres Körpers und Geistes zu nutzen.

192 Seiten, broschiert
ISBN 978-3-89845-427-8
€ [D] 12,95

Bettina Schmidt

Der spirituelle Kräutergarten

Wesen und Seele unserer Heilpflanzen

Kräuter, die uns guttun!
Die Heilpraktikerin Bettina Schmidt offenbart uns die magischen, kulinarischen und medizinischen Eigenschaften der Kräuter. Sie ermuntert uns dazu, einen Kräutergarten anzulegen, und hilft uns bei der Planung und Durchführung.
Lernen Sie die positiven Eigenschaften der Kräuter kennen und erfahren Sie, wie Sie diese einsetzen. Viele Rezeptvorschläge für das Kochen mit Kräutern machen Lust auf die frische Kräuterküche. Praktische Anwendungsmöglichkeiten bei Erkrankungen helfen Ihnen, eine wirkungsvolle Hausapotheke zu schaffen.

196 Seiten, durchgehend farbig, broschiert
ISBN 978-3-89845-558-9
€ [D] 18,95

Bend Martinschitz

Die lebendige Kraft der Berge

Das gemeinsame Wachsen von Mensch und Natur

Die magische Gebirgswelt ist schon tausendfach beschrieben worden. Doch nun lernen wir sie neu kennen und betreten *terra incognita*.
Bernd Martinschitz lässt uns teilhaben an der Kraft der Bergriesen. Er präsentiert Berge erstmals als lebendige Wesen mit eigener Historie sowie die gesamte Landschaft als vitales Feld, in das wir Menschen seit Urzeiten eingewoben sind und von dessen Energien wir profitieren können. Ein einmaliger Reiseführer in das Lebendige der Natur und zu uns selbst.

208 Seiten, broschiert
ISBN 978-3-89845-414-8
€ [D] 14,95

Heidi Findeis

Die Kraft der Naturmystik

Mit der Spiritualität der Natur sich selbst spüren

Heidi Findeis begleitet uns mit einfühlsamen Übungen und schamanischem Wissen auf unserem ganz persönlichen Weg. Wir erfahren die Wandlung aus einem beengten Leben in die Weite und Größe unserer wahren Existenz, in der die Kraft des Universums dafür sorgt, dass wir alle gehalten werden.
Die Autorin beschreibt den Schamanismus dabei erstmals nicht als bloße Technik, die wir praktizieren, sondern als eine neue Art zu leben. Als eine Möglichkeit, unser Leben zu bereichern und es groß werden zu lassen. Ein Buch, das erhebt und zum Zauber des Lebens geleitet ...

128 Seiten, farbig, broschiert
ISBN 978-3-89845-600-5
€ [D] 6,95

Erwin G. Bruhns & Hans Peter Zgraggen

Moringa – das Vitamingeschenk

Nahrung- und Energieverstärker

Gibt es eine Heilpflanze gegen fast alle körperlichen Beschwerden? Ja! Das Zauberwort heißt Moringa. Ob zum Stressab- oder Muskelaufbau, als hochwirksames Anti-Aging-Mittel, Superfood oder als natürlicher, hochdosierter Vitamin- und Mineralienlieferant – kaum jemand schafft es, alle Vorzüge von Moringa aufzuzählen. Bereits seit tausenden von Jahren wird Moringa im asiatischen Raum wegen seiner gesundheitsfördernden Wirkung geschätzt.

Der Wunderbaum Moringa vollbringt wahre Wunder und bietet das Plus an Energie, Nährstoffen und Gesundheit, das Sie schon lange gesucht haben!

160 Seiten, durchg. farbig,
broschiert mit abger. Ecken
ISBN 978-3-89845-525-1
€ [D] 11,00

Sabine Kühn

Einstieg in die Geomantie

Die Kraft des Lebensraumes nutzen

Sabine Kühn bietet einen leichten Einstieg in die Geomantie und zeigt Ihnen, wie Sie Energien wahrnehmen und bestimmen können und die Qualität einer Gegend oder eines Lebensraumes erkennen. Sie lernen, Disharmonien zu erkennen und wieder in die richtige Schwingung zu bringen – in Einklang mit dem, was der Ort braucht.

Für die Anwendung in Ihrem eigenen Zuhause bietet Sabine Kühn praktische und erprobte Anleitungen, um Ihre Wohnraumenergien zu verändern, bis Sie sich wohlfühlen.

Weiterführende Informationen zu
Büchern, Autoren und den Aktivitäten
des Silberschnur Verlages erhalten Sie unter:
www.silberschnur.de

Natürlich können Sie uns auch gerne den
Antwort-Coupon aus dem beiliegenden
Lesezeichenflyer zusenden.

Ihr Interesse wird belohnt!